入門 生化学

佐藤　健 著

裳 華 房

An Introduction to Biochemistry

by

KEN SATO

SHOKABO
TOKYO

はじめに

生命の基本単位は細胞であり，その細胞を成り立たせているのが，種々の化学物質とそれらによる化学反応である。つまり生命は，生命でない物質からできている。それならば，その物質の道理がわかれば，生命を理解できるかもしれない。この予感から生まれた自然科学の一分野が生化学であり，生命現象を化学物質と化学反応の視点から解き明かそうとするものである。

生化学の知識を欠いては，現代の生命科学を理解することは不可能であると言っても良い。また，生化学の知識を必要とする分野はきわめて広く，分子生物学，細胞生物学などの基礎分野だけでなく，医学，薬学，農学から環境学までがその対象として含まれ，応用範囲の広い実学でもある。最近では，脳や神経系における情報伝達，情報処理に関するわれわれの理解が革新的に進み，意識，感情，思考など，これまでは自然科学では扱われることのなかったわれわれの心に関することでさえ，その根底には生化学が深く関わるものであることが明らかになりつつある。

現代社会においても，遺伝子組換え，DNA 鑑定，iPS 細胞，クローン，ゲノム編集などの言葉が飛び交い，もはや生命科学は特殊な分野の特殊な人たちだけのものではなくなったといえる。こういった新しい技術に対して，得体の知れない感情的な反発があったり，逆に妄信的に受け容れたりすることは，すなわち自分から自由の可能性を制限しているのに等しい。生化学の知識をもち，その知識を使って自ら判断することができれば，人々は選択の幅を広げることができるし，またそれが世の中を良い方向に導く流れにもなる。

本書は，このような生化学という学問に触れるために，これだけはぜひ押さえておいていただきたいと思われる内容をまとめたものである。本書では，高等学校程度の化学を理解していることを前提とし，また，生物学の知識がなくても内容を十分に理解することができるよう留意した。

最後に，本書をまとめるにあたり，膨大な数の図を整理していただいたのは，裳華房編集部の野田昌宏氏である。この作業が本書をつくる上での要であり，最も時間がかかったはずである。ここに付記して感謝の意を表したい。

2019 年 2 月

佐藤　健

目　　次

1章　生命をつくる細胞

2章　細胞をつくる物質

3章　遺伝情報の複製と発現

4章　生体膜の構造

5章　代　謝

6章　酵素反応速度論

7章　生体高分子の調製と分析方法

コラム

1章 生命をつくる細胞

生命というものを物質的な視点でとらえた場合，それは多種多様な化学物質の集合体であり，なおかつそれらの化学物質は相互に関わり合いながら一つのシステムを構築している。そのシステムがつくり上げる自律的な最小単位が細胞である。生化学は，生命を成り立たせている物質と，それが関わる現象を化学的側面から理解しようとするものであるため，つまり細胞がその舞台となる。

まず本章では，生命に関わる物質が振る舞う舞台となる細胞について，その成り立ちや構造，そしてその前提となっている物質について，後の章で扱う内容との関わりを示しながら述べていく。

1･1　生命の起源と進化

進化　evolution

地球上には実に多くの種類の生物が棲んでいる。陸に棲むもの，海に棲むもの，空を飛ぶものなど，見た目や特徴もさまざまである。これらの生物は，ある日突然現れたわけではなくて，「**進化**」を経て現在の姿になった。その元をたどっていくと共通の祖先に行き着くと考えられている。つまり，現在，地球上に棲むすべての生物は，たった一つの共通の祖先（プロトセルという）から進化してきたものとされている。

細胞　cell

現在，地球上に棲むあらゆる生物は「**細胞**」からつくられている。これには一つの例外もない。バクテリアも，カビも，植物も，昆虫も，鳥も，動物も，私たちが思いつく生き物はすべて細胞からつくられている。ということは，地球上に最初に現れた生物も「細胞」であったと想像できる。では，最初の細胞はどのようなものだったのだろうか。そして，それがどのようにして，現在，地球上に生きる多くの種類の生物となったのだろうか。

ここで，「生物進化の年表」（**図 1･1**）を見てみよう。恐竜が絶滅したのも，その後，われわれ人類が出現したのも，生物進化の歴史からすると，ごく最近のことであることがわかる。細胞のレベルで生物の進化を捉えるには，さらに時間を遡る必要がある。

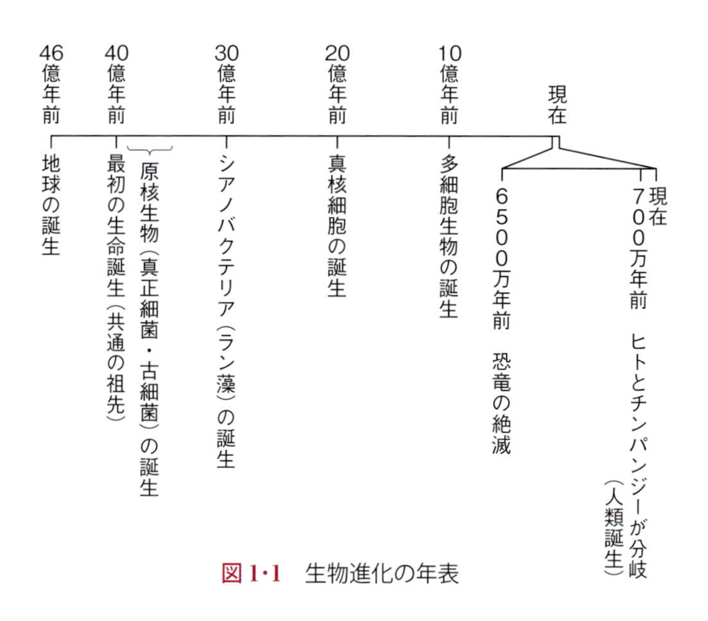

図 1·1　生物進化の年表

1·2　原核細胞と真核細胞

原核細胞
prokaryotic cell

真核細胞
eukaryotic cell

生物をつくっている細胞には，大きく分けて2種類がある。一つは「**原核細胞**」と，もう一つは「**真核細胞**」である。原核細胞からつくられている生物は「原核生物」であり，真核細胞からつくられている生物は「真核生物」である。原核生物は必ず原核細胞だけからつくられているし，真核生物は必ず真核細胞だけからつくられている。これまでのところ，原核細胞と真核細胞とが混在してつくられている生物は見つかっていない。

まずは，これらの細胞の成り立ちから見ていくことにする。

1·2·1　原核細胞の誕生

真正細菌
eubacteria

古細菌
archaebacteria

アーキア　archaea

地球上に最初に現れた生命は，構造が単純な原核細胞のようなものだったと考えられている（図 1·2）。これは，地球が誕生してから5億年ほど経った頃のこととされ，これが現在地球上に棲むすべての生物の「共通の祖先」である。この「原核細胞のようなもの」から，まず「**真正細菌**」，および「**古細菌**」（**アーキア**ともいう）という2種類の原核生物が誕生した。どちらも生体膜（4章）からつくられる「細胞膜」に，遺伝物質である核酸（2章）やタンパク質（2章）などが覆われた単純な構造の細胞からなる生物である。

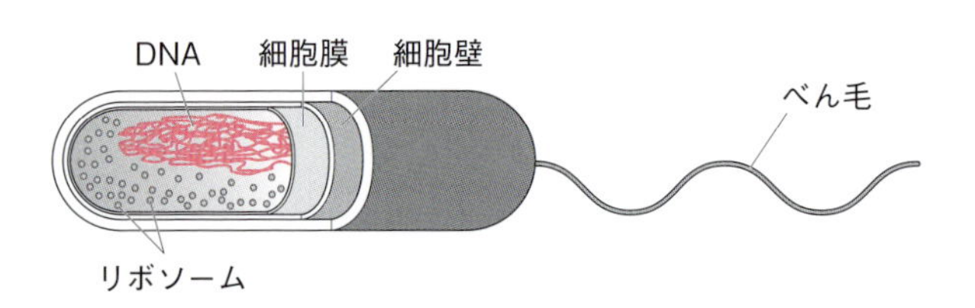

図 1·2　原核細胞

真正細菌も古細菌も，見た目はほとんど区別がつかない。しかし，遺伝情報を格納している構造や，遺伝情報が複製されるしくみ，そしてタンパク質をつくるためのリボソーム（**3·2·2 項**）とよばれる分子装置の形などが，両者で異なっている。

グラム陽性菌 Gram-positive bacteria

グラム陰性菌 Gram-negative bacteria

ペプチドグリカン peptidoglycan

ペリプラズム periplasm

細胞壁 cell wall

真正細菌は細胞表層の構造の違いにより，さらに**グラム陽性菌**と**グラム陰性菌**の2種類に分類される（**図 1·3**）。グラム陽性菌は，細胞膜の外側に**ペプチドグリカン**（糖鎖とペプチドからなる化合物）（**2·3·3 項**）とよばれる網目状の細胞壁をもち，これによって細胞の構造が補強されている。グラム陰性菌も，細胞膜の外側にペプチドグリカン層をもつが，グラム陽性菌のものよりも薄く，さらにその外側に外膜とよばれる生体膜をもつ。つまり，グラム陰性菌は細胞膜（この場合，内膜ともいう）と外膜の二重の膜によって覆われており，内膜と外膜の間の空間を**ペリプラズム**という。古細菌も，糖鎖とペプチドからなるS層とよばれる細胞壁をもつが，真正細菌のペプチドグリカンとは分子構造が大きく異なる。

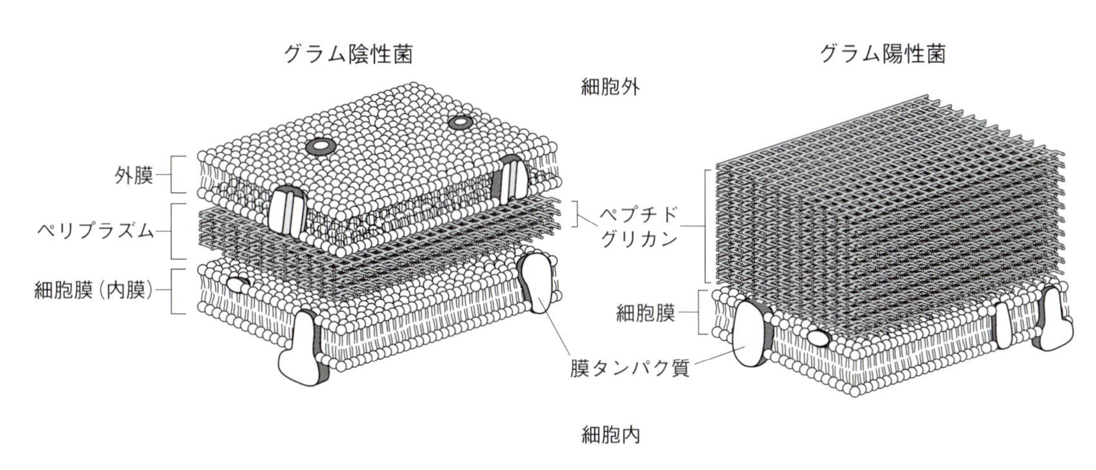

図 1·3　真正細菌の細胞膜

べん毛（鞭毛） flagellum

また，真正細菌，古細菌ともに「**べん毛**」とよばれる運動器官をもつものがあり，これを使ってより生育に有利な環境に移動することができる（**コラム 1·1**）。

シアノバクテリア cyanobacteria

最初の原核生物が出現してから数億年ほど経ったころに，「**シアノバクテリア**」（**ラン藻**）とよばれる，光合成（**5·3 節**）を行う真正細菌が出現してきた。光合成では，太陽の光のエネルギーを使って，エネルギー物質であるATP（**5·1 節**）や，空気中の二酸化炭素から糖（グルコース）（**2·3 節**）がつくられる。

さて，「生物進化の年表」によると，ここまでで最初の生命が誕生してか

コラム 1·1 鞭毛とべん毛

原核生物に生えているのをひらがなを交えて「べん毛」と書き，真核生物に生えているのを漢字で「鞭毛」と書いて両者は区別される。

歴史的には，真核生物がもっている鞭毛の方が先に発見されて，これが文字通り「鞭打ち運動」することによって推進力を生み出していることから「鞭毛」と名付けられた。その後，原核生物にも形状の似た「鞭毛」が生えているのが見つかり，当初は真核生物のものと同じように鞭打ち運動するものだと予想されて「鞭毛」と表記された。ところがその後の研究から，原核生物のべん毛は鞭打ち運動ではなく，べん毛自体をスクリューのように回転させて推進力を得ていることが判明した。そうなると，「鞭毛」と表記するのはいかがなものか，ということになる。しかし，いまさら別のネーミングにするには名称が定着してしまっている，ということから，音だけ残してひらがなで「べん毛」と表記されるようになった。不毛な誤解を招かないように，という配慮である。

ら 10 億年ほど経っているが，この時点で地球上に棲んでいたのは，真正細菌と，その仲間であるシアノバクテリア，そして古細菌である。いずれの生物も一つの細胞だけで一個体を形成するもので，これを「単細胞生物」という。これらはすべて原核生物で，単に「バクテリア」ともよばれる，せいぜい数ミクロン程度の大きさの微生物であり，肉眼では見ることができない。

いくつもの細胞が集まってつくられている「多細胞生物」が出現するのはまだまだ先である。なぜなら，原核細胞は多細胞化することができなかったため（原核細胞からなる多細胞生物は見つかっていない），多細胞生物をつくることができる細胞――真核細胞が出現する必要があったからである。

ここで，もう一度「生物進化の年表」を見てみよう。原核細胞が出現してから真核細胞が出現するまでに，20 億年ほどかかっている。言いかえると，地球の歴史の半分ほどの間は，原核生物しかいなかったことになる。そして，真核細胞の誕生には，ここまでに登場していた原核生物――真正細菌，古細菌，シアノバクテリアの三つが揃っていたことが重要であった。

1·2·2 真核細胞の誕生

細胞小器官 organelle

真核細胞は，細胞膜で囲まれた細胞内に，さらに膜で囲まれた**細胞小器官**（オルガネラ）という構造をもった細胞である（**図 1·4**）。原核細胞との大きな違いは，この細胞小器官をもっていることと言って良い。細胞膜で囲まれた内側の領域で，かつ，細胞小器官の外側の領域を**サイトゾル**（細胞質基質）という。細胞小器官をもたない原核細胞では，細胞膜で囲まれた細胞内すべての領域がサイトゾルということになる。

サイトゾル（細胞質基質） cytosol

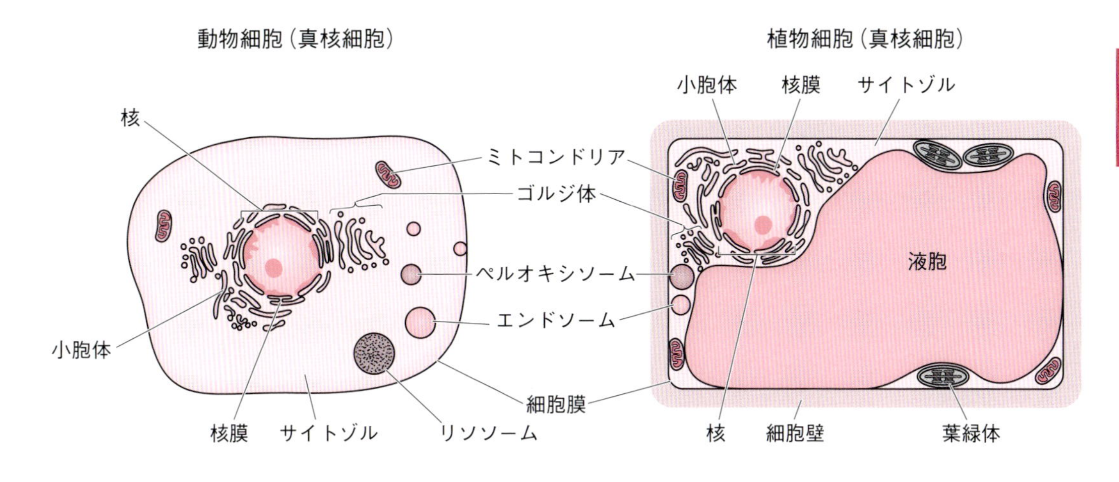

図 1・4　真核細胞

細胞小器官には，「核」（遺伝情報の格納），「小胞体」（細胞小器官ではたらくタンパク質の合成），「ゴルジ体」（小胞体から送られてきたタンパク質の修飾），「リソソーム」（物質の分解），「ペルオキシソーム」（種々の酸化反応），「ミトコンドリア」（エネルギー生産），「葉緑体」（植物細胞における光合成）など複数の種類があり，それぞれ別々の役割を担っている。また，細胞骨格とよばれるタンパク質でできた繊維構造が，細胞内を網の目のように張りめぐらされている。これらの細胞小器官の概要について見ていこう。

核　nucleus
（【複】nuclei）

① 核

遺伝情報を含む DNA（染色体）が格納されており，通常は細胞内に一つだけ存在する。核膜という，外膜と内膜の 2 枚からなる膜によって覆われている。核内では，格納された DNA の情報に基づいて種々の RNA が合成され（3・1・3 項），それが核膜孔とよばれる孔を通ってサイトゾルに運ばれてくる。DNA や RNA の合成に必要な物質や分子装置などは，サイトゾルからこの核膜孔を通って核内に運ばれる。

小胞体
endoplasmic
reticulum

② 小胞体

核膜と物理的につながっており，核近傍に見られるシート状の構造と，これとつながってチューブ状となった膜が細胞内に網目状に張りめぐらされている構造とからなる。細胞内のすべての膜のうち，約半分ほどが小胞体膜である。表面にタンパク質合成装置であるリボソーム（**3・2・2 項**）が結合した粗面小胞体とよばれる領域と，結合していない滑面小胞体とよばれる領域がある。粗面小胞体に結合したリボソームで合成されたタンパク質は，専用の孔（トランスロコン）を通って小胞体の内部に入り（膜タンパク質，**4･2節**）の場合は小胞体膜に組み込まれる），高次構造の形成や（3･2･2項），糖が付加されるなどの翻訳後修飾（**3･2･3項**）を受けたのち，ゴルジ体へと送り出される。膜をつくる材料となるリン脂質（**4･1節**）をはじめとする脂質類の合成も小胞体で行われる。

ゴルジ体
Golgi apparatus
（あるいはGolgi complex ともいう）

③ ゴルジ体

膜で囲まれた複数の区画からなり，それが層状に積み重なった構造をとる場合や，それぞれの区画が細胞内に分散している場合などがあり，生物種によって異なる形状をしている。しかし，その役割は共通していて，主として小胞体から送り込まれてくるタンパク質への糖鎖付加が行われる。小胞体で合成されたタンパク質が送り込まれてくる区画をシスゴルジ，その次に送られる区画をメディアルゴルジ，さらにその次に送られる区画をトランスゴルジという。トランスゴルジで糖鎖の付加が完了したタンパク質は，トランスゴルジ網とよばれる区画で選別され，エンドソームや細胞膜へと運ばれる。

エンドソーム
endosome

④ エンドソーム

細胞膜が内側に陥入することにより，細胞外から物質を取り込むエンドサイトーシスとよばれる現象によって，最初に物質が到達する区画で，これが成熟してリソソーム（植物細胞の場合は液胞）となる。細胞膜ではたらく因子をプールしておく役割もあり，状況に応じて細胞膜に必要な因子を送り出す。トランスゴルジ網から物質が送られてくる区画でもある。

リソソーム
lysosome

液胞　vacuole

⑤ リソソーム／液胞

タンパク質，脂質，糖，核酸など，あらゆる生体分子を分解するための分解酵素が含まれている。ほかの細胞小器官と比べて，内部が酸性に保たれており，ここではたらく分解酵素は酸性条件下で効率よく機能するようデザインされている。そのため，分解反応はリソソーム内だけで起こり，リボソームで合成された分解酵素がリソソーム／液胞に運ばれてくる途中や，誤ってサイトゾルに漏れ出た場合も不要な分解は起こらない。エンドサイトーシスにより外部から取り込んだ物質を（エンドソームを経由して受けとり）分解するのに加えて，細胞内で不要となった物質の分解も行う。植物細胞で見られる液胞は，リソソームと同等のものであり，液胞とリソソームの区別はない。

ペルオキシソーム
peroxisome

⑥ ペルオキシソーム

主として酸化反応を行う区画で，多様な酸化酵素が含まれている。ここで行われる O_2 を用いた酸化反応により，副産物として細胞に有害な過酸化水素を生じるが，これはペルオキシソーム内のカタラーゼという酵素によってすばやく酸素と水に分解される。長鎖脂肪酸と中鎖脂肪酸の β 酸化（**5・1・4 項**）もここで行われる。

ミトコンドリア
mitochondrion
（【複】mitochondria）

⑦ ミトコンドリア

主としてエネルギーを産生する区画で，クエン酸回路（**5・1・2 項**）や呼吸鎖（**5・1・3 項**）があり，酸素呼吸による ATP 産生を行っている。ATP とは，細胞内におけるエネルギー供給物質であり，これを分解することによりエネルギーを取り出す。また，動物細胞のミトコンドリアでは，短鎖脂肪酸の β 酸化も行われる。

ミトコンドリアは外膜と内膜からなる二重の膜構造からなり，内膜は内腔側に突出したクリステとよばれる構造をつくっている。外膜と内膜の間を膜間腔，内膜の内側をマトリックスという。多くのエネルギーを必要とする細胞ほどミトコンドリアの数が多い（心筋細胞など）。

葉緑体　chloroplast

⑧ 葉緑体

植物などがもつ色素体（プラスチドともいう）とよばれる細胞小器官に分類されるものの一つで，このうちクロロフィルという色素を含んだものが葉緑体である。ミトコンドリアと同様に外膜と内膜の二重の膜構造からなり，内膜で囲まれた内部に，さらにチラコイド膜によって囲まれたチラコイドとよばれる小胞がある。このチラコイドを取り囲む領域をストロマという（**5・3 節**）。

葉緑体は光合成を行う場であり，光のエネルギーはチラコイドにあるクロロフィルに吸収され，化学エネルギー（ATP）に変換される。デンプンなどの合成はストロマ部分で行われる（**5・3 節**）。

1・2・3　細胞内共生による細胞小器官の獲得

原核細胞とは異なり，真核細胞の中には細胞小器官というさまざまな膜区画が発達しているが，これらの細胞小器官は真核細胞の祖先となった原核細

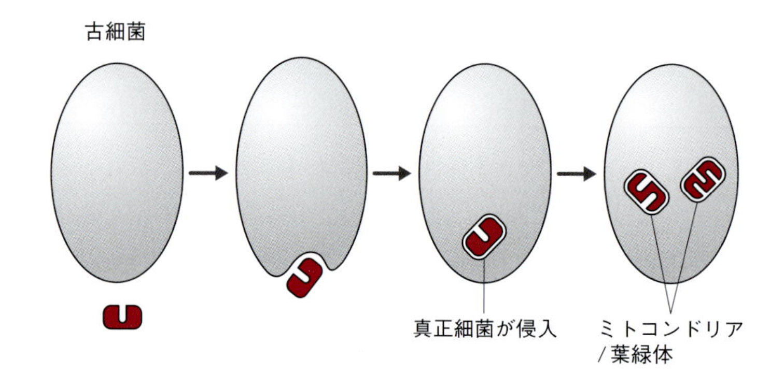

図1·5　細胞内共生によって獲得されたミトコンドリアと葉緑体

胞が「獲得」したものであるとする説が有力である（**図1·5**）。

真核細胞が細胞小器官を獲得した起源は二通りあると考えられている。その一つが「**細胞内共生説**」である。これは，ある古細菌の中に，何かの弾みで別の真正細菌が侵入し，それがそのまま細胞内で共生するようになったものが，ミトコンドリアであるとされている。そしてこのミトコンドリアを獲得した細胞に，さらに光合成を行うシアノバクテリアが侵入し，これが後に葉緑体となり，植物細胞が誕生したと考えられている。

細胞内共生
endosymbiosis

これらの証拠として，ミトコンドリアや葉緑体の構造や大きさが，真正細菌とほぼ同じであることや，ミトコンドリアや葉緑体の内部には，真正細菌がもつものとよく似たタンパク質が機能していることが挙げられる。

また，真核細胞では，遺伝物質であるDNAは核に格納されているのだが，それとは別に，ミトコンドリアや葉緑体は内部に独自のDNAやRNAポリメラーゼ（**3·1節**），そしてリボソームをもっており，これらにより一部のミトコンドリアタンパク質や葉緑体タンパク質が合成されている。これは，ミトコンドリアや葉緑体が，元々は別の生物だった名残であると考えられている。

1·2·4　膜分化による細胞小器官の獲得

細胞小器官のもう一つの起源は，細胞膜の一部が変形したものであると考えられている。つまり，のちに真核細胞となる古細菌の細胞膜が，何かの弾みで細胞の内側に向けて陥入し，それが細胞の内部でちぎれて（分化して）細胞小器官となった，というものである（**図1·6**）。これは「**膜分化説**」（あるいは「**膜進化説**」）とよばれるもので，細胞内共生によって獲得されたミトコンドリアや葉緑体以外の細胞小器官（核，小胞体，ゴルジ体，エンドソーム，リソソーム，ペルオキシソーム）は，すべてこの膜分化に由来するもの

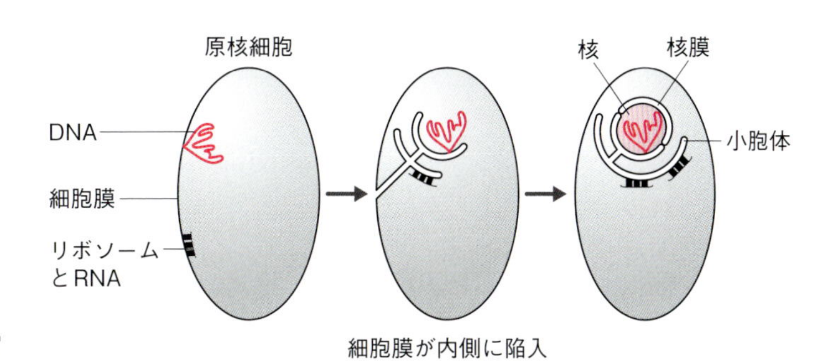

図 1·6　膜分化によって獲得された細胞小器官

であると考えられている。

この証拠として，古細菌が細胞膜にもっているタンパク質と良く似たタンパク質が，真核細胞の小胞体やリソソームといった細胞小器官の膜に見られることが挙げられ，これらは元々古細菌の細胞膜にあったタンパク質の名残であると考えられている。

また，ミトコンドリアや葉緑体以外の細胞小器官は，小さな膜小胞を介して物質のやりとりを行う「**小胞輸送**」とよばれるしくみでタンパク質や脂質などのやりとりを行っており（**図 1·7**），このしくみは膜がちぎれることによる分化の名残ではないかと考えられている。ペルオキシソームだけはこの小胞輸送のルートに含まれていないのだが，最近の研究から，ペルオキシソーム膜は既存の小胞体を起源として形成される可能性が高いとされている。

小胞輸送
vesicular transport

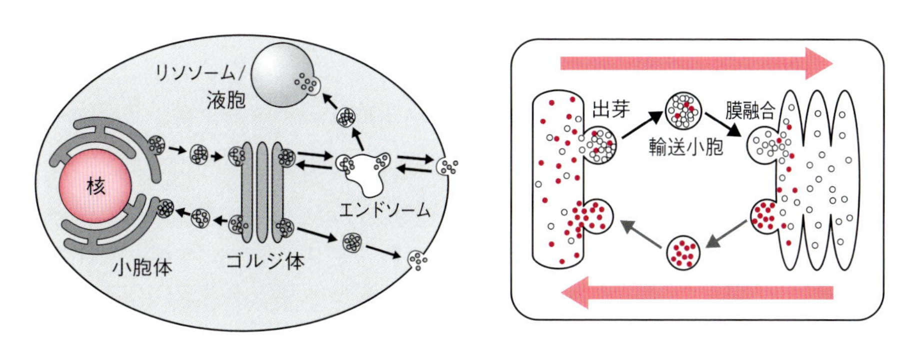

図 1·7　小胞輸送によって結ばれる細胞小器官

1·2·5　細胞小器官を獲得したことによるメリット

現在の地球上で高等生物とよばれるものは，例外なく真核生物であることから，それをつくる真核細胞は原核細胞よりも優れた点があるということになる。細胞小器官を獲得したことにより，真核細胞にもたらされたメリットとして，生化学的な側面からは次のような考察が可能である。

まず，それぞれの細胞小器官で複数の生体反応を同時に行えるようになったということが挙げられる。原核細胞の場合は，細胞内での生体反応はすべてサイトゾル中で行うしかなく，反応条件もそのサイトゾル中の環境，という一つに規定されてしまう。これに対して真核細胞では，細胞小器官ごとに反応条件（pH，物質濃度，物質の種類など）をコントロールすることができ，さらにそれら複数の反応を並列して進行させることができる。

また，細胞にとって危険な反応を隔離して行うことができる。たとえば，細胞内で不要となった生体分子を分解する場合，原核細胞の場合は分解を必要としない生体分子も共存するサイトゾル中で行わなければならないのに対して，真核細胞ではリソソームや液胞という分解専用の区画内で行われる。あるいは，生体反応の中には，前述のペルオキシソームでの反応のように，副産物として細胞に対して毒性の高い過酸化水素が発生してしまう反応があるが，こういった反応も隔離された区画内で安全に行うことができる。

このように，真核細胞は細胞小器官を獲得したことにより，細胞内でより高度で複雑な反応を行うことができるようになり，原核細胞では成し得なかった進化が可能になったと考えられる。

1·3　細胞を構成する物質

生物をつくる細胞は，どのような物質からできているのだろうか。生命の誕生の場としては，太古地球の海の中であったとする考えが主流であり，また，現在においても生物は海中や陸地に棲んでいる。そのため，細胞をつくる材料も，この地球の表面付近のものが使われているはずである。

ここで，われわれの人体をつくる元素の組成と，地殻，および海水の元素組成とを比較してみよう（**表1·1**）。

人体をつくる元素の特徴として，全体的に比較的「軽い」ものが多く使われていることが挙げられ，これは他の生物種においてもほぼ同様の傾向がある。それらの中で**水素**（H）と**酸素**（O）が上位にくるのは，そのほとんどが，**水**（H_2O）として存在しているものである。ヒトの体重の約60%は水が占めていることからも納得のいくことであろう。

細胞に含まれる元素のうち，水以外のほとんどは**炭素**（C）が占めている。炭素からは，他の軽い元素とともにきわめて多様な**有機化合物**をつくることができる。また有機化合物は，完全に燃えると気体である二酸化炭素（CO_2）となるため，環境中を循環しやすい。

表1·1　ヒトと海水および地殻の構成元素

人体に存在する元素の量（上位）

元素		体重70kgの人の体内存在量	体内存在量%
酸素	O	45.50kg	65.0
炭素	C	12.60	18.0
水素	H	7.00	10.0
窒素	N	2.10	3.0
カルシウム	Ca	1.05	1.5
リン	P	0.70	1.0
硫黄	S	175g	0.25
カリウム	K	140	0.20
ナトリウム	Na	105	0.15
塩素	Cl	105	0.15
マグネシウム	Mg	35	0.05
鉄	Fe	6	0.01
フッ素	F	3	0.004
ケイ素	Si	2	0.003
亜鉛	Zn	2	0.003

参考：桜井 弘，化学と教育，48, 459-463（2000）

地殻の元素の割合（上位）

元素		重量%
酸素	O	46.6
ケイ素	Si	27.7
アルミニウム	Al	8.1
鉄	Fe	5.0
カルシウム	Ca	3.6
ナトリウム	Na	2.8
カリウム	K	2.6
マグネシウム	Mg	2.1
チタン	Ti	0.44
水素	H	0.14
リン	P	0.12
マンガン	Mn	0.10
フッ素	F	0.08

参考：terrestrial abundance of elements（http://www.daviddarling.info/encyclopedia/E/elterr.html）

海水の元素の量（上位）

元素		平均濃度 mg/kg
塩素	Cl	19350
ナトリウム	Na	10780
マグネシウム	Mg	1280
硫黄	S	898
カルシウム	Ca	412
カリウム	K	399
臭素	Br	67
炭素	C	27
窒素	N	8.72
ストロンチウム	Sr	7.80
ホウ素	B	4.50
ケイ素	Si	2.80
酸素	O	2.80
フッ素	F	1.30
アルゴン	Ar	0.62
リチウム	Li	0.18
ルビジウム	Rb	0.12
リン	P	0.062

参考：Newton 別冊『地球大解剖』（1998）

これに対して，地殻には炭素よりもはるかに多くのケイ素（Si）が含まれている。ケイ素は炭素の同族元素であり，お互いに化学的な性質がよく似ている。それにも関わらず，人体にはあまりケイ素は使われていない。この理由として，常温常圧でケイ素を中心に構成される化合物は，炭素のそれよりも極端に種類が少ないことが考えられる（たとえばケイ素は二重結合をつくりにくい）。

また，生物をつくる元素のうち，比較的上位に**リン**（P）が挙げられる。リンは，細胞の構造をつくる生体膜（**4章**），遺伝物質である核酸（**2·4·2項**），およびエネルギー貯蔵物質である**ATP**（**5·1節**）を構成する重要な元素の一つである。ところがリンは，地殻，および海水中に必ずしも多く含まれている元素ではない。つまり，リンは地球上において生物に「濃縮」されていることになるのだが，この理由については明らかになっていない。

ここまで述べてきたように，生物の最小単位は細胞であり，その細胞をつくる主な物質は，炭素を中心とする有機化合物である。このほかにも無機イオンや，必須微量元素（鉄，亜鉛，銅，マンガン，セレン，モリブデン，コバルト，ヨウ素，クロム）といったさまざまな物質が，細胞の機能に重要な役割を担っている。これらの物質は細胞を形づくる構造体として使われるだけではなく，たとえば化合物中に化学結合としてエネルギーを蓄えたエネルギー供給物質として利用されるものや，情報伝達物質として機能して細胞内や細胞間においてやりとりされ，さまざまな生体機能の調節に使われるものがある。

以下の章では，これらの細胞を成り立たせている物質の構造と機能について見ていくことにする。

コラム1･2　生物の棲む範囲

直径60センチの地球儀を想像してみよう。ちょうど両手で抱えられるバランスボールくらいの大きさだ。この地球儀に，富士山をつくると高さが0.2ミリくらいになる。2ミリではない。たったの0.2ミリである。エベレストだとしても0.5ミリもないくらいである。シャープペンシルの芯の太さ程度の突起だ。海の一番深いところで0.5ミリちょっとである。

この縮尺でいえば，ジェット旅客機は表面から0.5ミリちょっとくらいのところを嘗めるようにして飛んでいる。宇宙ステーションだと2.5センチくらいの高さになるけれど，それでもそれほど離れていないという印象だろう。ただ，これくらいになるともう空気はない。大気は地球の表層のほんの薄いところだけにしかないのである。だから，生物の行動範囲は，地球の大きさに比較すればきわめて微小であると考えて良い。

ちなみに，月は地球の約4分の1の大きさなので，この地球儀にふさわしい月の直径は15センチくらいになる。サッカーボールよりは小さく，ソフトボールよりは大きい。月は地球から37万キロメートル離れているので，この縮尺では20メートル弱のところにある。そして太陽だと……（以下略）。

この章のまとめ

- 現在，地球上に見られる生物は，一つの共通祖先から数十億年にわたる進化を経て多様化してきたものであると考えられている。
- 細胞は生物の基本単位であり，すべての生物は細胞からつくられている。
- 細胞は細胞内の構造に基づいて，原核細胞と真核細胞の二つに区別される。
- 原核細胞が細胞小器官を獲得したことにより真核細胞が出現したと考えられている。
- 真核細胞は，細胞内の細胞小器官ごとに複雑で高度な機能を分業するため，原核細胞よりも高機能化した細胞といえる。
- 細胞を構成する元素は，地球上に存在する元素の中でも限られた種類の比較的軽い元素であり，特に炭素が多い。細胞を構成する分子は，水と有機化合物である。

2章 細胞をつくる物質

生命をつくる最小単位は細胞であり，その細胞をつくる主要な物質は，タンパク質，脂質，糖，核酸の4種類の有機化合物（生体分子）である。異なる生物種間で外見が大きく異なっていたとしても，生体分子の状態になってしまえば，それがどのような生物の細胞をつくるものなのかを区別することは難しい。つまり，生体分子のレベルでは，あらゆる生命はすべて同じ原則のもとに成り立っている。そのため，まずそれらの物質の構造と機能を詳しく理解することが生命を理解するための基本になる。

本章では，細胞を構成する主な有機化合物群，すなわち生体分子についての概要を知り，その構造と性質を理解するとともに，それらの物質が細胞内で担う役割について述べていく。

2·1 アミノ酸とタンパク質

タンパク質は**表 2·1** に示す20種類の**標準アミノ酸**が，さまざまな順番で，さまざまな長さにつながったものである。そこでまずはタンパク質をつくる部品となるアミノ酸について見ていこう。

2·1·1 アミノ酸

アミノ酸
amino acid

標準アミノ酸というのは，同一の炭素原子に，アミノ基，カルボキシ基，および水素原子が共通して結合し，これらに加えて**側鎖**（R）とよばれる構造が結合したものである（**図 2·1**）。この側鎖の構造がアミノ酸の種類により異なる。ただし，標準アミノ酸のうちプロリンのみはアミノ基の部分が第二級アミノ基（イミノ基）になっているため，これは正確にいうとアミノ酸ではなくイミノ酸ということになるが，一般的には標準アミノ酸に含められる。

これらのアミノ酸は，同一の炭素原子に四つの異なった原子や原子団が結合しているため（このような炭素を**不斉炭素**という），**鏡像異性体**（光学異性体）であるL体とD体が存在している（ただしグリシンを除く）。細胞内

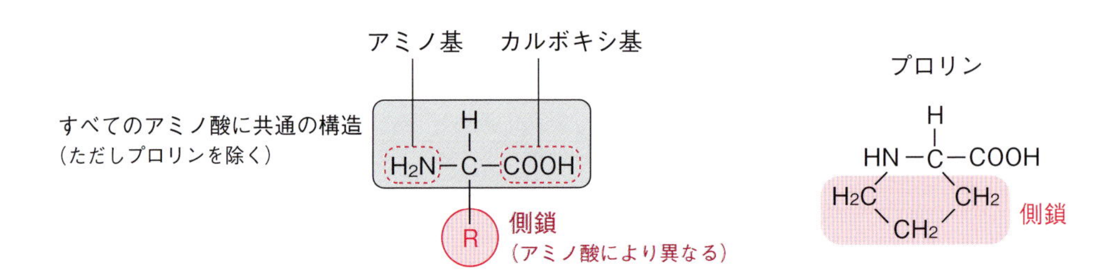

図 2･1　アミノ酸の構造

でタンパク質の合成に使用されるアミノ酸はすべて L 体である。

中性の水溶液中では，アミノ酸のアミノ基は**プロトン**（**水素イオン**，H^+）を結合して $-NH_3^+$ となり，カルボキシ基はプロトンを解離して $-COO^-$ となる。このように一つの分子の中に正負両方の電荷をもつようなイオンを，**両性イオン**（あるいは双性イオン）という。

親水性
hydrophilicity

疎水性
hydrophobicity

アミノ酸は側鎖の性質の違いによっていくつかのグループに分けられる。一つの分けかたとして，**親水性**か**疎水性**か，酸性か塩基性かという指標を元に分類される。このような側鎖の性質の違いがタンパク質の構造や性質の多様性を生みだすもととなる。

表 2･1 に示すように，アミノ酸にはそれぞれ**三文字表記**と**一文字表記**の略号が決められている。あるタンパク質のアミノ酸配列を表記する場合，数十～数百個のアミノ酸を同時に表示する必要があることから，これらの略号で書く場合が多い。

標準アミノ酸のうち，動物は一部のアミノ酸を体内で合成できないため，食物から摂取する必要がある。それらを**必須アミノ酸**といい，ヒトでは 9 種類が知られている（**ヒスチジン**，**イソロイシン**，**ロイシン**，**リシン**，**メチオニン**，**フェニルアラニン**，**スレオニン**，**トリプトファン**，**バリン**）。

2･1･2　タンパク質

タンパク質
protein

アミノ酸のカルボキシ基と，別のアミノ酸のアミノ基とが脱水縮合してつくられるアミド結合のことを特別に**ペプチド結合**という（図 2･2）。アミノ酸がペプチド結合により鎖状となったもののうち，比較的短いものを**ペプチド**（あるいはオリゴペプチド），長いものを**ポリペプチド**という。ポリペプチドはタンパク質の基本構造である。

ポリペプチド鎖は 1 本のヒモのようなものなので二つの末端があるが，ペプチド結合していないアミノ基（遊離のアミノ基）のほうを**アミノ末端**（ま

表2・1　タンパク質を構成するアミノ酸

	慣用名	構造式（色文字は側鎖）	三文字略号	一文字略号
主に親水性	グリシン (glycine)	$H-CH(NH_2)-COOH$	Gly	G
	セリン (serine)	$OH-CH_2-CH(NH_2)-COOH$	Ser	S
	スレオニン (threonine)	$CH_3-CH(OH)-CH(NH_2)-COOH$	Thr	T
	アスパラギン (asparagine)	$NH_2-C(=O)-CH_2-CH(NH_2)-COOH$	Asn	N
	グルタミン (glutamine)	$NH_2-C(=O)-CH_2-CH_2-CH(NH_2)-COOH$	Gln	Q
	システイン (cysteine)	$SH-CH_2-CH(NH_2)-COOH$	Cys	C
酸性	アスパラギン酸 (aspartic acid)	$OH-C(=O)-CH_2-CH(NH_2)-COOH$	Asp	D
	グルタミン酸 (glutamic acid)	$OH-C(=O)-CH_2-CH_2-CH(NH_2)-COOH$	Glu	E
塩基性	リシン (lysine)	$NH_2-CH_2-CH_2-CH_2-CH_2-CH(NH_2)-COOH$	Lys	K
	アルギニン (arginine)	$NH_2-C(=NH)-NH-CH_2-CH_2-CH_2-CH(NH_2)-COOH$	Arg	R
	ヒスチジン (histidine)	(イミダゾール環)$-CH_2-CH(NH_2)-COOH$	His	H
主に疎水性	アラニン (alanine)	$CH_3-CH(NH_2)-COOH$	Ala	A
	バリン (valine)	$(CH_3)_2CH-CH(NH_2)-COOH$	Val	V
	ロイシン (leucine)	$(CH_3)_2CH-CH_2-CH(NH_2)-COOH$	Leu	L
	イソロイシン (isoleucine)	$CH_3-CH_2-CH(CH_3)-CH(NH_2)-COOH$	Ile	I
	メチオニン (methionine)	$CH_3-S-CH_2-CH_2-CH(NH_2)-COOH$	Met	M
	プロリン (proline)	(ピロリジン環, NH)$-COOH$	Pro	P
	フェニルアラニン (phenylalanine)	(ベンゼン環)$-CH_2-CH(NH_2)-COOH$	Phe	F
	トリプトファン (tryptophan)	(インドール環)$-CH_2-CH(NH_2)-COOH$	Trp	W
	チロシン (tyrosine)	$OH-$(ベンゼン環)$-CH_2-CH(NH_2)-COOH$	Tyr	Y

たは**N末端**），カルボキシ基のほうを**カルボキシ末端**（または**C末端**）という。また，ペプチド結合をたどる鎖のことを**タンパク質の主鎖**とよぶ。アミノ酸がペプチド結合をつくって連結していくとき，カルボキシ基（COO-）側からOが外れてC=Oとなり，アミノ基（NH_3^+）側からH_2が外れてN-Hとなって水（H_2O）が生成するが（**図2･2(a)**），このときに残った部分（**図2.2(b)**点線内）を指して**アミノ酸残基**という。タンパク質を構成するアミノ酸の数はこの残基を単位として表現される場合が多く，たとえば「アミノ酸*n*残基からなるタンパク質」というふうに表現される。

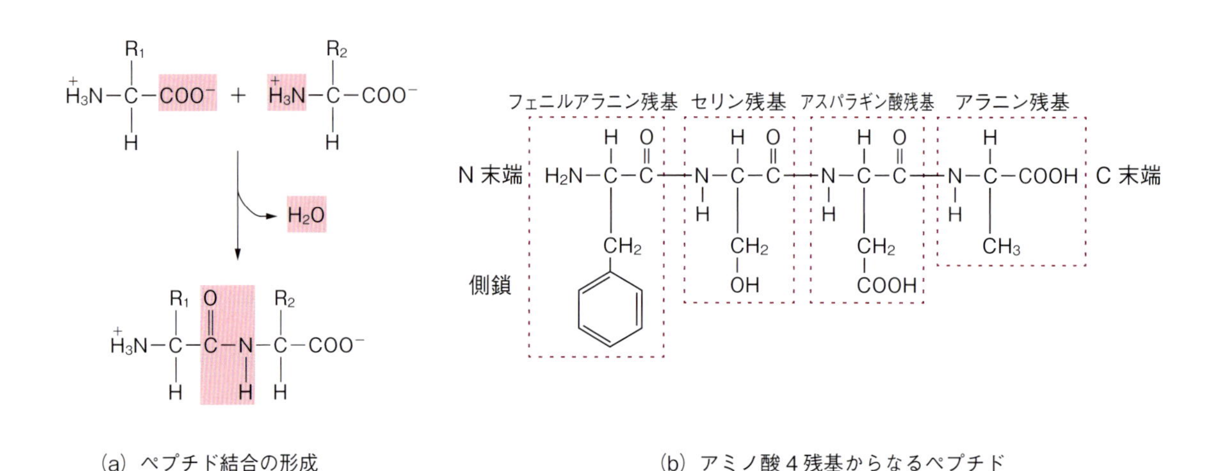

(a) ペプチド結合の形成　　(b) アミノ酸4残基からなるペプチド

図2･2　ペプチド結合の形成とアミノ酸残基

2･1･2 (1)　タンパク質の構造

① 一次構造

一次構造
primary structure

タンパク質はアミノ酸がペプチド結合によりつながったポリペプチド鎖であるが，このポリペプチド鎖をつくるアミノ酸配列のことを**一次構造**という。典型的なタンパク質はアミノ酸数百残基からなるが，数アミノ酸残基からなるペプチドで生理活性をもつものから，たとえば，タイチンという筋タンパク質は34000残基以上のアミノ酸からなる。

② 二次構造

二次構造
secondary structure

ポリペプチド鎖の主鎖をつくるペプチド結合どうしが，水素結合を形成することによりつくられる規則的な部分立体構造を**二次構造**といい，代表的なものとして**αヘリックス**と**βシート**がある（**図2･3**）。

α ヘリックス

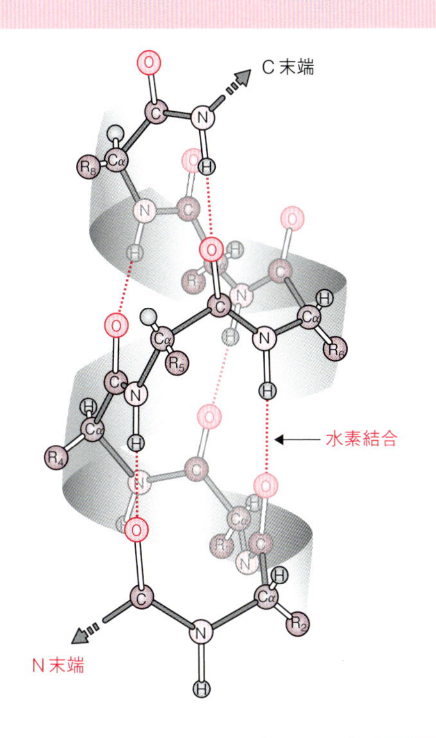

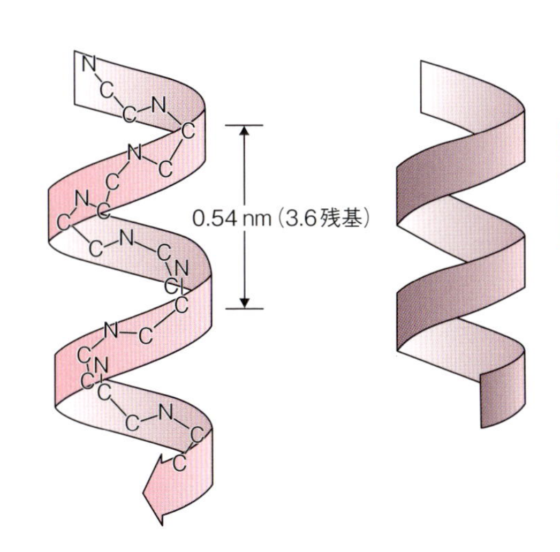

β シート

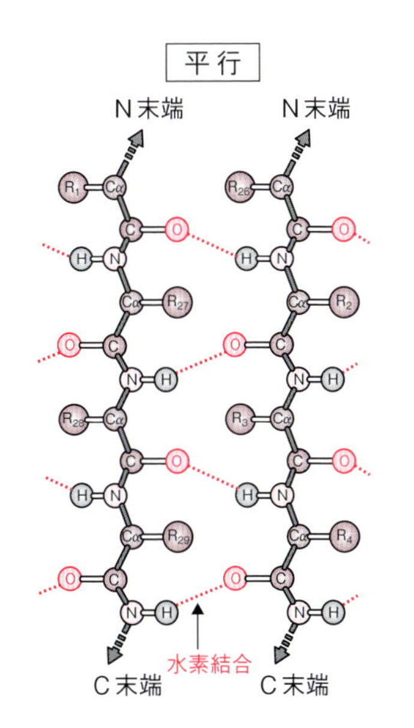

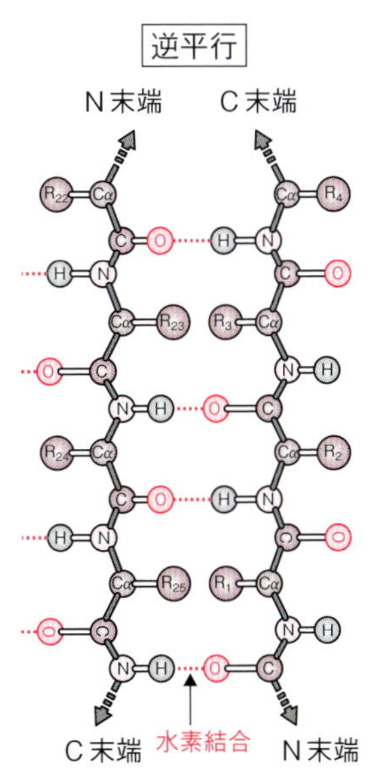

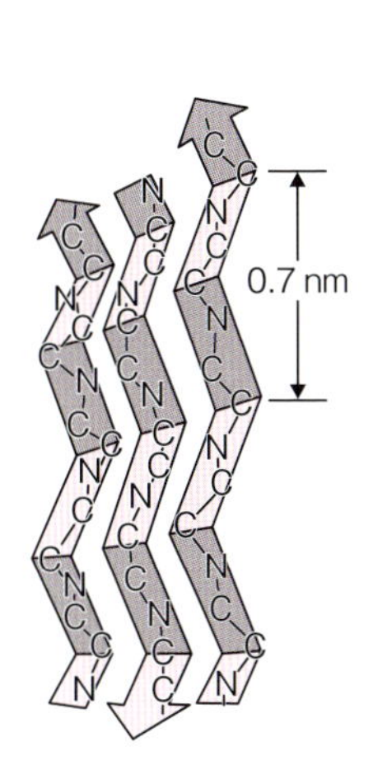

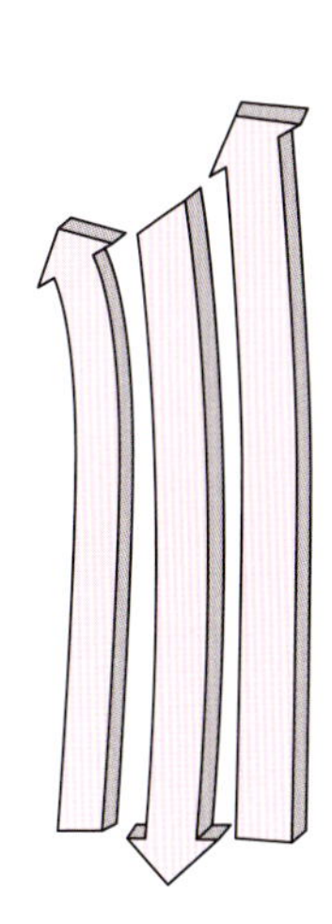

図 2･3　タンパク質の二次構造
（坂本，2012 より改変）

αヘリックスは，ポリペプチド鎖が3.6個のアミノ酸残基ごとに1回転する右巻きのらせん構造で，ピッチ（らせん1回転でヘリックスの軸方向に進む距離）は0.54 nmである。このとき，各アミノ酸の側鎖はらせんの外側を向く。

これに対して，ポリペプチド鎖がαヘリックスのものよりも伸びた状態（アミノ酸2残基あたり0.7 nm）の**βストランド**（**β鎖**）どうしが平行，あるいは逆平行に複数並んで，隣り合うβストランド間に水素結合がつくられることで形成されるシート状の構造を**βシート**という。

また，αヘリックス，βシートといった立体構造をとる領域のほかに，特定の立体構造をとらずに揺らいでいる部分を**ランダムコイル**という。タンパク質は基本的に，αヘリックス，βシートなどの二次構造単位がランダムコイルによってつながれたものである。

③ 三次構造

αヘリックスやβシートといった二次構造は，主鎖間の水素結合で形成されるのに対して，ポリペプチド鎖中の側鎖間のさまざまな相互作用により形成される立体構造のことを**三次構造**という（**図2･4**）。それらの相互作用には，

三次構造
tertiary structure

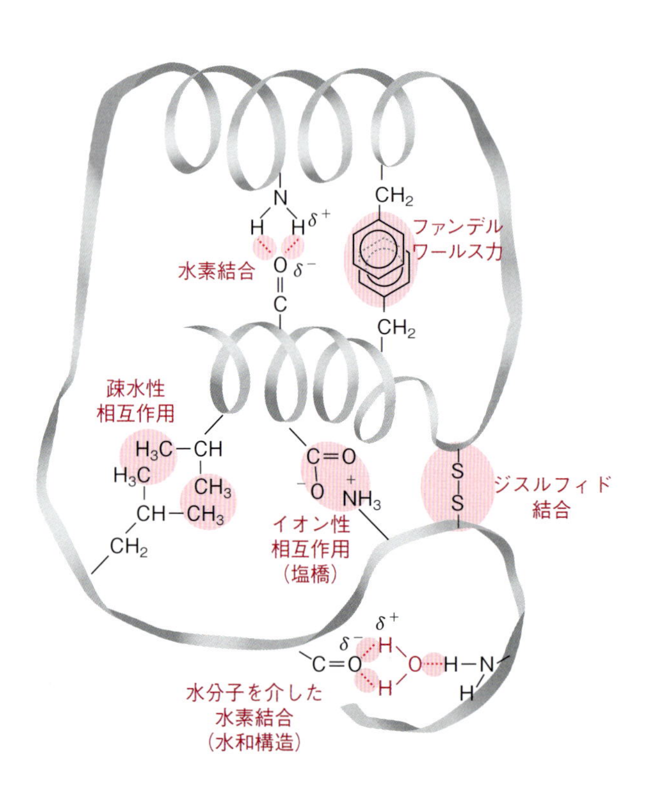

図2･4　タンパク質の三次構造
（坂本，2012より改変）

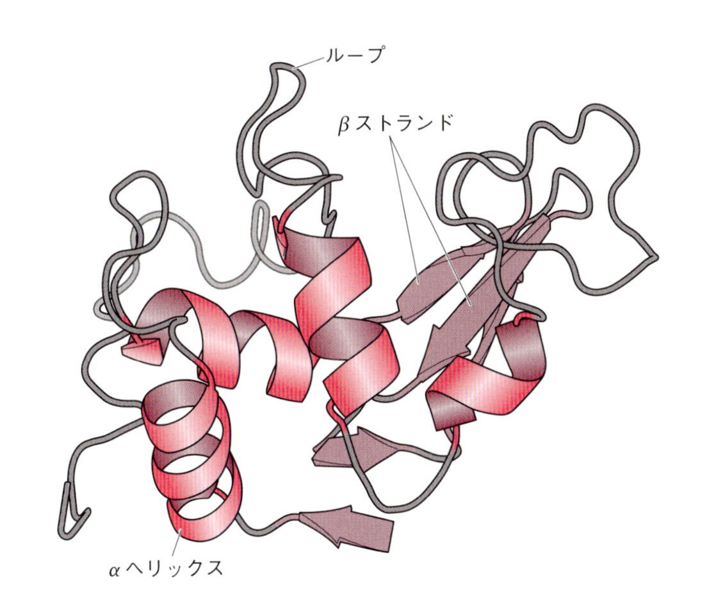

図 2･5　リゾチームの三次構造（リボンモデル）
（北原ら，2018 を参考に作図）

水素結合
hydrogen bond

イオン性相互作用
ionic interaction

塩橋
salt bridge

ジスルフィド結合
disulfide bond

水素結合のほかに，**イオン性相互作用**（**塩橋**ともいう），**疎水性相互作用**，**ファンデルワールス力**などの非共有結合に加えて，システイン残基どうしが共有結合してつくられる**ジスルフィド結合**がある。また，側鎖どうしが水分子を介した水素結合により架橋する**水和構造**とよばれるものもある。

水溶性タンパク質における三次構造の形成は，上記のような相互作用や結合に加え，ポリペプチド鎖中の疎水性残基が溶媒である水を避けてタンパク質分子の内部に向き，親水性残基が水と接触するように分子の表面に配置される，という要素も加わる。疎水性の残基が互いに集まってタンパク質分子の内部につくる疎水性の領域を**疎水コア**という。

タンパク質分子全体の二次構造や三次構造を俯瞰（ふかん）するのに，αヘリックスをらせん状のリボンで，βストランドを平面的な矢印のリボンで表し，主鎖の構造のみを示した**リボンモデル**という模式的なモデルでタンパク質の立体構造が表される（**図 2･5**）。

④ 四次構造

四次構造
quaternary structure

一つのタンパク質分子は，1本のポリペプチド鎖からできているとは限らず，複数本のポリペプチド鎖が集まってつくられるものも多く見られる。複数のポリペプチド鎖からなるタンパク質では，ポリペプチド鎖の1本1本がそれぞれ三次構造をつくり（それらを**サブユニット**という），それらが寄り集まって一つの構造体をつくっている。このような複数のサブユニットからなるタンパク質全体の立体構造を**四次構造**という（**図 2･6**）。

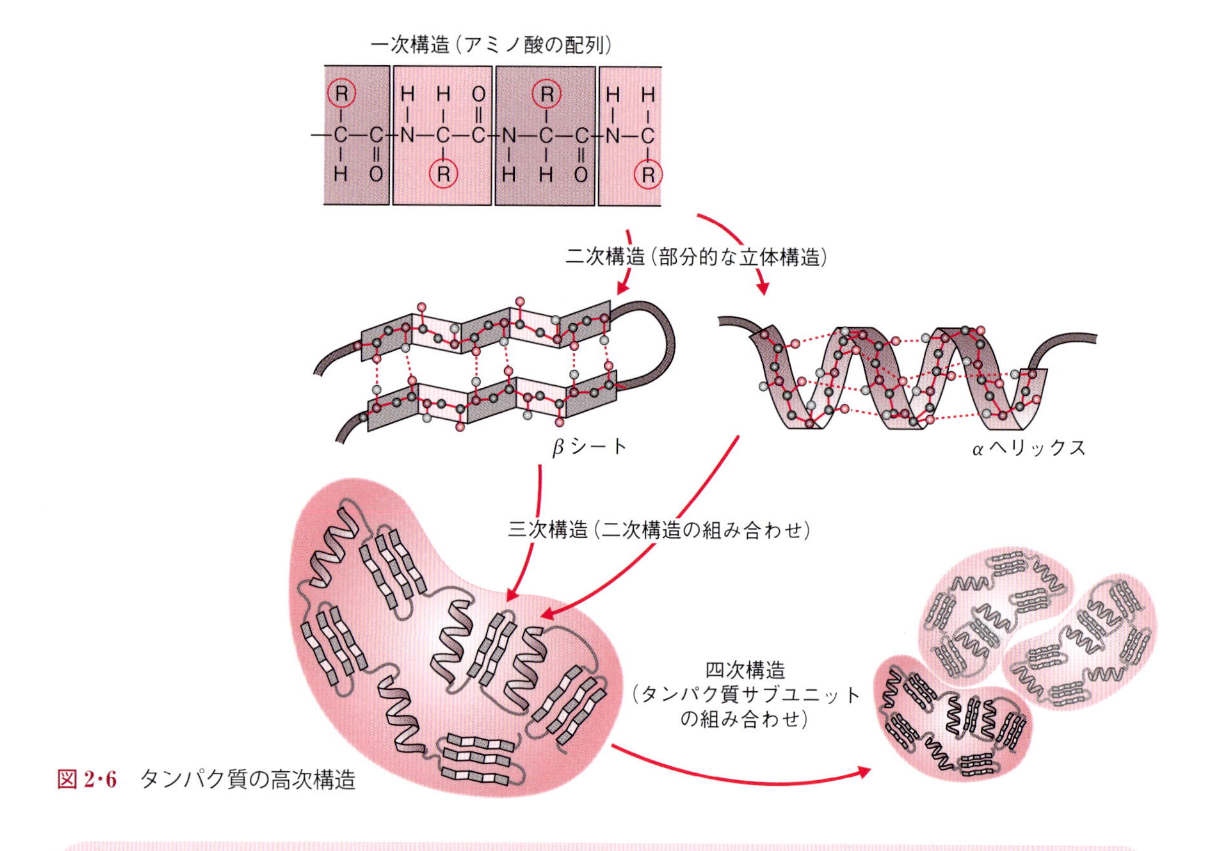

図 2･6 タンパク質の高次構造

コラム 2･1 光るタンパク質――緑色蛍光タンパク質（green fluorescent protein：GFP）

タンパク質の合成に用いられる標準アミノ酸のうち，人間の目に見える蛍光を発するものはない。しかし，オワンクラゲの細胞内で標準アミノ酸のみから合成される緑色蛍光タンパク質（GFP）は，人間の目に見える緑色の蛍光を発する。どうしてだろうか？

実は，合成された直後の GFP は蛍光を発しない。合成後に，ポリペプチド鎖の 65 番目のセリン，66 番目のチロシン，67 番目のグリシンが環状化，脱水，酸化されることにより，蛍光を発する発色団を形成するのである（右図）。この反応は補因子を必要とせず自発的に起こるため，オワンクラゲの細胞内でなくても起こる。つまり別の生物種の細胞内でも，GFP をコードしたポリペプチド鎖さえ合成されれば，まったく同じ発色団が形成される。可視化したいタンパク質と GFP の遺伝子を融合して細胞内に発現させれば，生きた細胞内での特定のタンパク質の挙動を蛍光シグナルとして検出できるわけだ。

現在では，この GFP に変異を導入することで，緑だけではなくあらゆる色の蛍光を発する蛍光タンパク質が作製されている。この GFP を発見した功績により，2008 年に下村 脩博士がノーベル化学賞を受賞している。燦然と光を放つ業績である。

二次構造から四次構造までを総称して**高次構造**といい，タンパク質の高次構造の維持には，ここまでに出て来たような非共有結合性の比較的弱い結合が中心的な役割を果たしている。

2·1·2 (2) タンパク質中の解離基

中性の水溶液中では，アミノ酸のアミノ基側はプロトン化して正に荷電（NH_3^+）し，カルボキシ基側は脱プロトン化して負に荷電（COO^-）しているということだった。これが連結してタンパク質となった場合，N末端のアミノ基，およびC末端のカルボキシ基に加えて，側鎖に解離基をもつアミノ酸（アスパラギン酸，グルタミン酸，ヒスチジン，チロシン，システイン，リシン，アルギニン）は，それぞれに異なる荷電状態となり，その状態は溶媒のpHに依存する。それでは，そのpHとタンパク質の荷電状態との間にはどのような関係があるのだろうか。

まず，解離基からのプロトン（H^+）の解離のしやすさは**pK_a**という指標で表され，解離基ごとに固有のpK_a値をもつ。

たとえば，HAというプロトンを解離する物質があったとき，その様子は次のように表される。

$$HA \rightleftarrows H^+ + A^-$$

平衡定数
equilibrium constant

プロトンの結合・解離は化学平衡にあり，その**平衡定数K_a**は次のように表される。

$$K_a = \frac{[H^+][A^-]}{[HA]} \quad ・・・①$$

つまり，K_aの値が大きいものほどたくさんプロトン（H^+）を解離しているため酸性度が高い——強い酸ということになる。このプロトンを解離する度合いは物質によって大きく異なり，たとえば強酸ではHAのほとんどが解離しているため，K_aは非常に大きな値（たとえば塩酸では10^4くらい）となるのに対して，弱酸では解離している割合が低いため，K_aは非常に小さな値（たとえば酢酸では10^{-5}くらい）となる。そのため，このままではK_aの値として非常に広い範囲の桁数を扱うことになるが，K_aに負の常用対数をとって表すと取り扱いが便利になる。つまり，

$$pK_a = -\log K_a$$

と表すことにすると，強い酸ほどK_aは大きな値となるが，常用対数をとったpK_aの値に変換すると，強い酸ほど逆に小さな値となる。つまり，水素イオンの濃度を表すpHと同じ表し方である。pHは水溶液の酸性度を示す

尺度であるが，pK_a は物質の酸としての強さを示す尺度である。

ここで①式について両辺の対数をとってみる。

$$\log K_a = \log[H^+] + \log\frac{[A^-]}{[HA]}$$

pH は，pH ＝ $-\log[H^+]$ と定義されるものだが，同様に pK_a ＝ $-\log K_a$ と定義されるので，

$$pH = pK_a + \log\frac{[A^-]}{[HA]}$$

という，溶液の pH と pK_a との関係を表す式が得られる（**ヘンダーソン・ハッセルバルヒ式**という）。

この式が表す意味を考えてみる。たとえば，pK_a ＝ 4 の解離基を，pH ＝ 5 の溶液に溶かすと

$$5_{(pH)} = 4_{(pK_a)} + \log_{10}\frac{[A^-]}{[HA]}$$

$$\therefore \log_{10}\frac{[A^-]}{[HA]} = 1 \quad \rightarrow \quad \therefore \frac{[A^-]}{[HA]} = 10 \quad \rightarrow \quad \therefore [A^-] : [HA] = 10 : 1$$

となり，これは HA から多くの A^- が解離してくることを表し，つまり同時に H^+ も解離してくることになる。

すなわち，解離基の pK_a の値よりも水溶液の pH の値の方が大きくなるにつれて，その解離基は脱プロトン化されるものが増し，逆に小さくなるにつれてプロトン化されるものが増す。そして pK_a と水溶液の pH の値が同じ場合（すなわち pH ＝ pK_a のとき），ヘンダーソン・ハッセルバルヒ式から，

$$\log_{10}\frac{[A^-]}{[HA]} = 0 \quad \rightarrow \quad [HA] = [A^-]$$

となり，これは，解離基からちょうど半分の H^+ が解離していることを表す。

表 2･2 にアミノ酸の解離基の pK_a を示す。

タンパク質中における解離基の pK_a の値は，その解離基周辺の「ミクロ環境」の影響で，**表 2･2** に示されるような遊離アミノ酸の側鎖に対して決定される pK_a 値からずれることが多い。その要因はさまざまであるが，たとえば解離基の近くに正電荷があるとその解離基の pK_a は低くなり，逆に負電荷が近くにあると高くなる。また，解離基がタンパク質分子内部の疎水コアにある場合，電荷が生み出される反応が起こりにくくなるため，カルボキシ基の pK_a 値は高くなり，アミノ基の pK_a 値は低くなる。さらに，解離基

表 2·2　アミノ酸の解離基と pK_a

解離基	解離反応	pK_a
α-カルボキシ基	R−COOH ⇄ $RCOO^- + H^+$	2.0
β-カルボキシ基(Asp)	R−COOH ⇄ $RCOO^- + H^+$	3.9
γ-カルボキシ基(Glu)	R−COOH ⇄ $RCOO^- + H^+$	4.2
イミダゾール基(His)	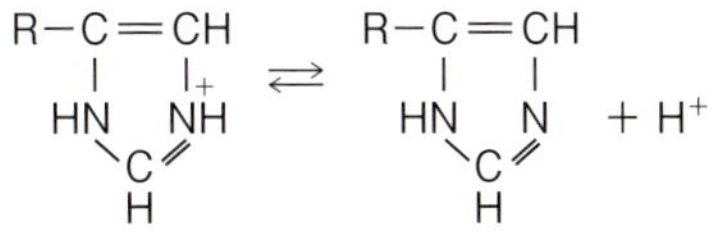 R−C=CH (HN, NH^+, C−H 環) ⇄ R−C=CH (HN, N, C−H 環) $+ H^+$	6.0
フェノール基(Tyr)	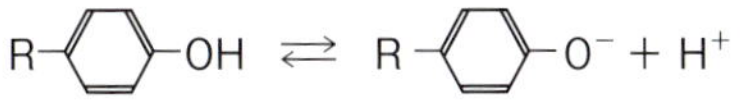 R−(ベンゼン環)−OH ⇄ R−(ベンゼン環)−$O^- + H^+$	10.1
スルフヒドリル基(Cys)	R−SH ⇄ $R-S^- + H^+$	8.3
α-アミノ基	$R-NH_3^+$ ⇄ $RNH_2 + H^+$	9.5
ε-アミノ基(Lys)	$R-NH_3^+$ ⇄ $RNH_2 + H^+$	10.0
グアニジノ基(Arg)	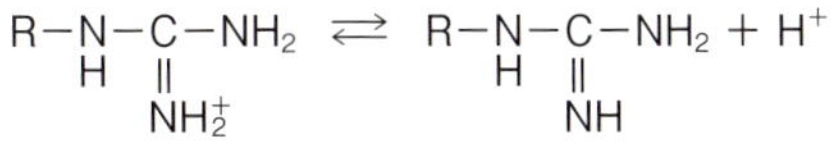 R−NH−C(=NH_2^+)−NH_2 ⇄ R−NH−C(=NH)−$NH_2 + H^+$	12.5

（有坂，2015 より）

は極性が高いので水素結合に関与する場合が多いが，プロトン化された解離基が水素結合の供与体になると，プロトンの放出が阻害されて pK_a 値が高くなり，逆に脱プロトン化された解離基が水素結合の受容体になると pK_a 値は低くなる。

タンパク質溶液の pH を変えると，タンパク質中の解離基の荷電状態が変わるため，それがタンパク質の三次構造に関わる静電的相互作用や水素結合を変化させて，機能や構造に影響をおよぼす。

2·1·2 (3)　タンパク質の等電点

タンパク質は N 末端のアミノ基，C 末端のカルボキシ基に加え，側鎖に解離基をもつアミノ酸を多数含んでおり，これらは溶媒の pH に依存して正に荷電したり負に荷電したりする。ある pH では，これらの電荷の総和がゼロになり，そのときの pH を**等電点**（pI）という。

等電点
isoelectric point

等電点はタンパク質によって異なるため，この性質を利用した等電点電気泳動という手法によってタンパク質を分離することができる。等電点 pI の値がほんのわずか（0.001 程度）しか違わないタンパク質でも，この方法により分離することができる。

2·1·2(4)　タンパク質の変性

変性　denature

タンパク質は，熱や酸，アルカリ，有機溶媒などによって**変性**する。変性というのは，タンパク質中の特定の高次構造が破壊されることにより（しかしペプチド結合は切断されない），そのタンパク質の機能が失われることである。

たとえば，熱は水素結合を破壊するし，有機溶媒は疎水性相互作用を壊す。また，酸やアルカリによってpHが極端に変化すると，タンパク質中の解離基をもつアミノ酸（グルタミン酸，アスパラギン酸，リシン，アルギニン，ヒスチジン）の荷電状態が大きく変化し，これらの残基が関わる高次構造が壊される。タンパク質の変性をもたらす物質（たとえば上記の場合だと，酸，アルカリ，有機溶媒）のことを**変性剤**という。

多くの場合，変性したタンパク質は不溶性となり**沈殿**する。これは，タンパク質の高次構造が壊されることにより，分子の内部に隠されていた疎水性残基がタンパク質表面に露出してしまい，タンパク質分子間でそのような疎水性の領域どうしが会合して集合体をつくって沈殿してしまうことによる。

タンパク質の変性は，かつては不可逆的なものと考えられていたが，たとえば変性剤による変性の場合，その変性剤が徐々に除かれれば元の高次構造を回復し，同時に活性も回復する場合もあることが明らかになってきている。

コラム2·2　天然変性タンパク質

長い間，タンパク質は適切に折りたたまれて特定の高次構造をとることで初めて機能を獲得すると信じられていた。ところが，天然の状態でタンパク質全体が特定の構造をとっていない（ランダムコイル状となっている）ものが数多く存在することがわかってきた。これを天然変性タンパク質という。タンパク質中の一部の領域のみが特定の構造をとっていないものもあり，その場合，そのような領域を天然変性領域という。

「変性」といってしまうとタンパク質が壊れてしまって機能が失われているような印象を受けるかもしれないが，ここでの変性とは，手が加えられたわけではなく天然の状態なのに，あたかも変性してしまっているように高次構造をとっていない，という状態のことを指す。

天然変性タンパク質は原核生物にはあまり見られないのに対して，真核生物のタンパク質の約３分の１（特に核内タンパク質）は，天然変性領域を含むと見積もられている。このような天然変性タンパク質は，ほかの生体分子（タンパク質，核酸，生体膜）と特異的に結合することで特定の高次構造を形成し，機能を発揮する。標的分子と結合することによって高次構造の形成が誘発されるのか，あるいは天然変性構造がゆらいでいる中で，たまたま特定の構造になったときに標的分子と結合するのかについてはよくわかっていない……天然変性タンパク質の構造と同じく定まっていない。

2·2 脂 質

脂質とは，水には溶けにくい物質の総称で，脂肪酸，脂肪酸とアルコールとのエステル，コレステロール，あるいは炭化水素鎖をもつ生物由来の物質のことを指す。

2·2·1 誘導脂質

誘導脂質 derived lipid

生体内に存在する単純脂質や複合脂質を分解して得られる疎水性の化合物を**誘導脂質**という。そのため，後に述べる単純脂質よりも誘導脂質の方が分子構造としては「単純」なのだが，分解によって誘導された物質という意味で「誘導脂質」という。

2·2·1 (1) 脂 肪 酸

脂肪酸 fatty acid

脂肪酸は，生物がもつ脂肪を加水分解して得られる脂肪族モノカルボン酸であり，一般式 $H_3C\text{-}(CH_2)_n\text{-}COOH$ で表される。主な脂肪酸を**表 2·3** に示す。

脂肪酸は，炭化水素基にある炭素のすべてが**単結合**（飽和結合）した**飽和脂肪酸**と，炭化水素基にある炭素の結合に**二重結合**（不飽和結合）を含む**不飽和脂肪酸**に分けられる。天然の脂肪酸が含む二重結合は，そのほとんどがシス型である。そのため，脂肪酸に含まれる二重結合の数が多いほど全体的に「曲がった」構造をとる。

脂肪酸の炭素数と二重結合の数をこの順番で記して略記することもある。たとえば，パルミチン酸は 16 個の炭素がすべて飽和結合でつながり，二重結合をもたないため 16:0 と略記される。さらに不飽和脂肪酸の場合，二重結合をつくる炭素の位置が略記される。たとえば，*cis*- Δ^9 と書く場合，「Δ 9」（デルタ 9）とは，脂肪酸のカルボキシ基の炭素から数えて 9 番目の炭素が水素原子を「欠いている」（Δ）ことを意味しており，これにより 9 番目と 10 番目の炭素の間にシス型の二重結合が形成されていることを指す。たとえば，オレイン酸は 18:1 *cis*- Δ^9 と略記される。

脂肪酸のうちリノール酸と α- リノレン酸は，必須アミノ酸と同様にヒトの体内でつくることができないため，食物から摂取する必要がある。これらを**必須脂肪酸**という。

表 2·3　主な脂肪酸

	炭素数	慣用名	略記	構造	融点（℃）
飽和脂肪酸	12	ラウリン酸	12：0	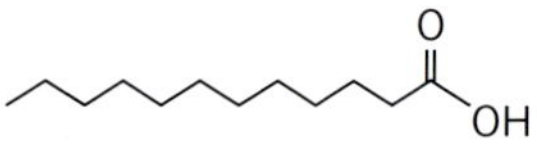	44
	14	ミリスチン酸	14：0	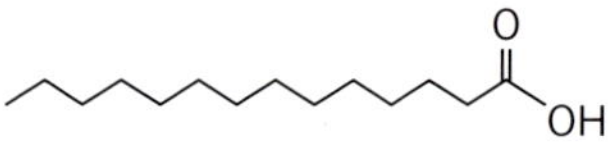	58
	16	パルミチン酸	16：0	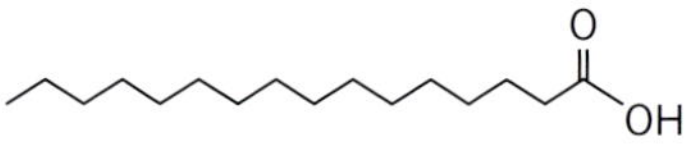	63
	18	ステアリン酸	18：0	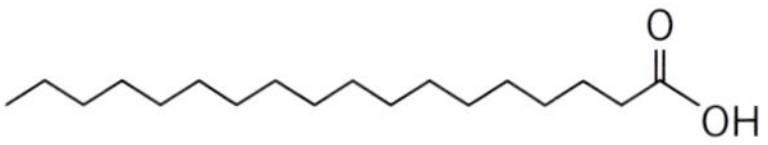	69
	20	アラキジン酸	20：0	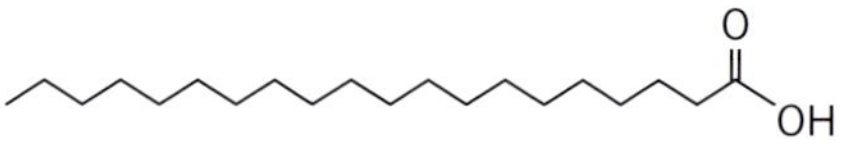	77
不飽和脂肪酸	16	パルミトレイン酸	16：1 *cis*-Δ^{9}	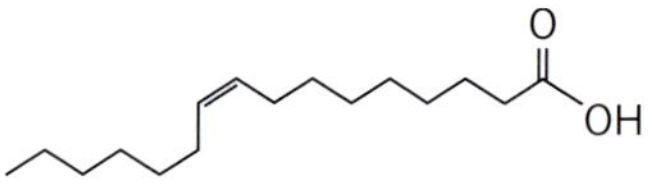	0
	18	オレイン酸	18：1 *cis*-Δ^{9}	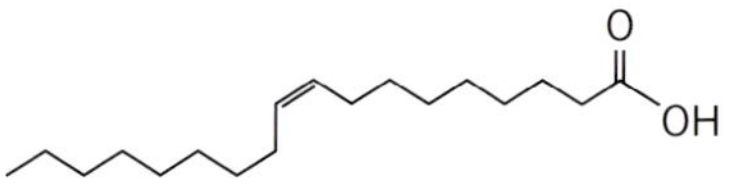	13
	18	リノール酸	18：2 *cis*-$\Delta^{9, 12}$	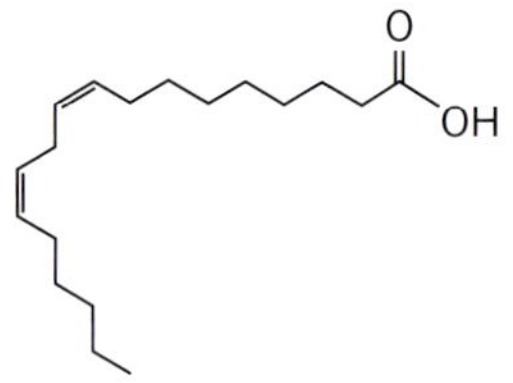	−5
	18	α-リノレン酸	18：3 *cis*-$\Delta^{9, 12, 15}$	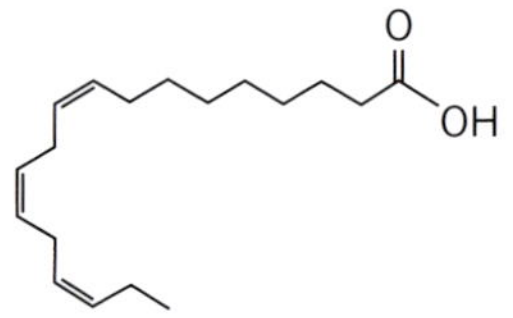	−11
	20	アラキドン酸	20：4 *cis*-$\Delta^{5, 8, 11, 14}$	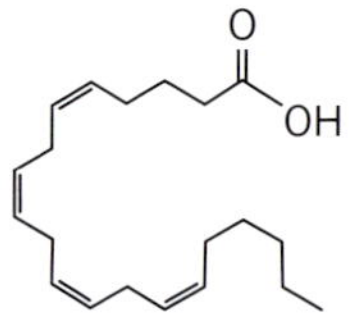	−50

2・2・1 (2) コレステロール

図 2・7 に示すようなステロイド核とよばれる共通した構造をもつ化合物を総称して**ステロイド**という。

ステロイドの 3 位の炭素にヒドロキシ基がついたものを**ステロール**といい，動物の生体内で重要なステロールの一つとしてコレステロールがある（**図 2・8**）。コレステロールは生体膜をつくる重要な成分の一つである（4 章参照）。

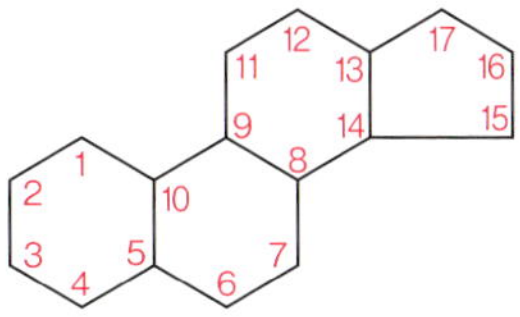

図 2・7 ステロイド核
ステロイド核をつくっている炭素原子を区別するための番号の付け方を示している。

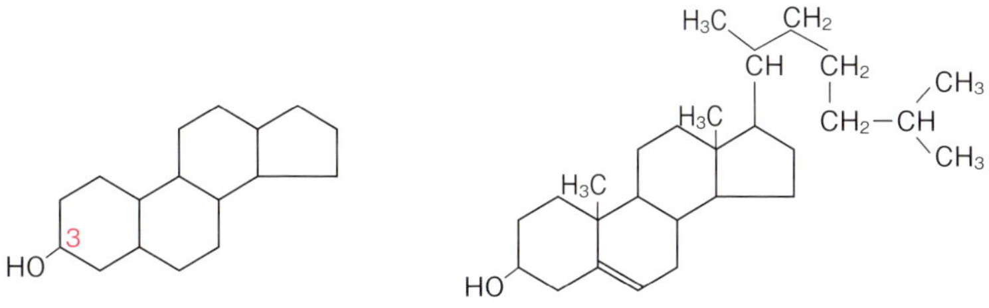

図 2・8 ステロール（左），およびコレステロール（右）の構造

また，ステロイド核をもつ化合物は，動物の体内で情報伝達物質であるホルモンとしてもはたらいており，これらを**ステロイドホルモン**という（**図 2・9**）。

テストステロン（男性ホルモン）　エストラジオール（女性ホルモン）　プロゲステロン（黄体ホルモン）

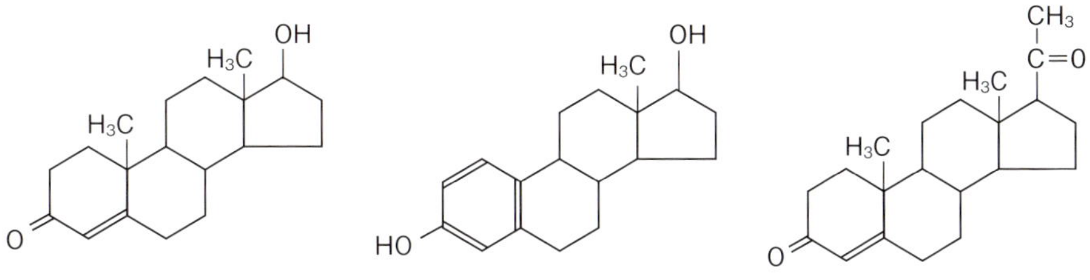

図 2・9 ステロイドホルモンの例

2･2･2　単純脂質

単純脂質
simple lipid

単純脂質とは，各種アルコールと脂肪酸がエステル結合したものの総称で，炭素，水素，酸素のみで構成される。**トリアシルグリセロール（中性脂肪）**がその代表である（図 2･10）。

トリアシルグリセロールは，グリセロールのもつヒドロキシ基に脂肪酸がエステル結合したもので，**中性脂肪**ともよばれる。グリセロールは三つのヒドロキシ基をもつが，天然の中性脂肪のほとんどは，これら三つすべてに脂肪酸が結合したトリアシルグリセロールとして存在する。三つの脂肪酸はすべて同じものが結合している場合もあるし，三つとも異なる脂肪酸が結合している場合もある。このトリアシルグリセロールは生体内ではエネルギー貯蔵物質としての役割が大きい。エネルギーとして利用される際には，トリアシルグリセロールが加水分解されて脂肪酸が遊離し，この脂肪酸が**β酸化**（5･1･4 項）されることによってエネルギーが取り出される。

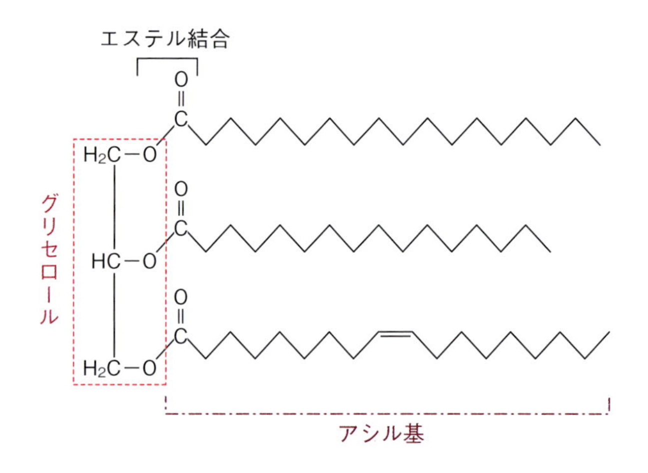

図 2･10　トリアシルグリセロールの構造

2･2･3　複合脂質

複合脂質
complex lipid

炭素，水素，酸素のみからなる単純脂質に，リン酸，糖，窒素化合物などを含む脂質のことを**複合脂質**という。大きくわけて，親水基としてリン酸基をもつ**リン脂質**と，同じく親水基として糖をもつ**糖脂質**の 2 種類に分類される。複合脂質は，一つの分子中に親水性の領域と疎水性の領域を合わせもった両親媒性のものが多く，生体膜を構成する主要な成分である（4･1 節）。

また，グリセロールをもつものを**グリセロ脂質**，スフィンゴシンをもつものを**スフィンゴ脂質**という。グリセロ脂質は生物界に広く分布するものの，スフィンゴ脂質は一部の例外を除いて原核生物には見られない。

2·2·3 (1)　リン脂質（グリセロリン脂質，スフィンゴリン脂質）

リン脂質
phospholipid

グリセロールがもつ三つのヒドロキシ基のうちの二つに脂肪酸がエステル結合し，残りのヒドロキシ基にリン酸を介して親水性の分子が結合したものを**グリセロリン脂質**という（図 2·11）。

リン酸に結合した親水性の分子が，中性付近の水溶液中でとる荷電状態によって，さらに**酸性リン脂質**と**中性リン脂質**に分類される。たとえば，コリンやエタノールアミンは分子中に正電荷を一つもつが，リン酸部分がもつ負電荷一つと打ち消し合って中性となるため，これらが結合したもの（**ホスファチジルコリン**，および**ホスファチジルエタノールアミン**）は中性リン脂質である。また，結合する親水性の分子が電荷をもたないグリセロールやイノシトール，あるいは正負の電荷を一つずつもつセリン（つまり打ち消し合って電荷はゼロとなる）が結合したものは，リン酸部分がもつ負電荷一つのため，これら（**ホスファチジルグリセロール**，**ホスファチジルイノシトール**，および**ホスファチジルセリン**）は酸性リン脂質である。このような違いは，リン脂質がつくる生体膜の表面の性質に大きく影響する（4 章）。

スフィンゴリン脂質は，グリセロリン脂質のグリセロールの代わりにスフィンゴシンを骨格とするリン脂質の総称で，スフィンゴシン自体が長鎖ア

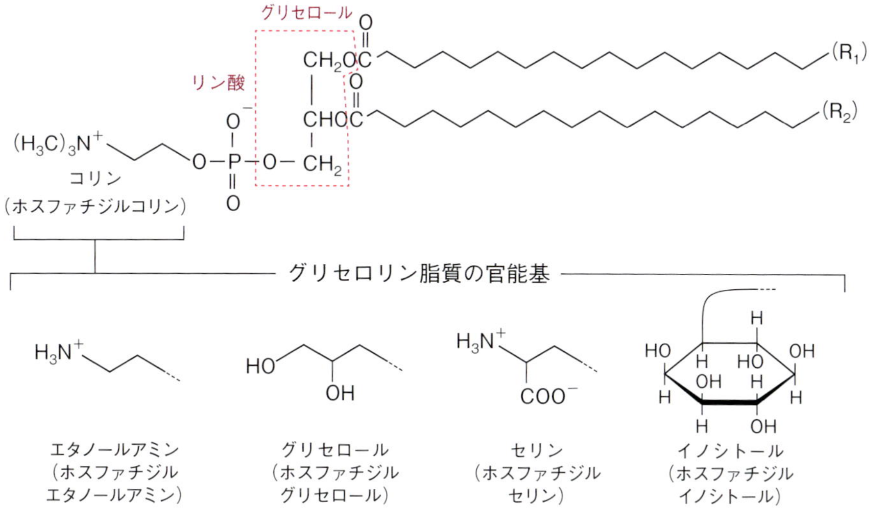

図 2·11　グリセロリン脂質

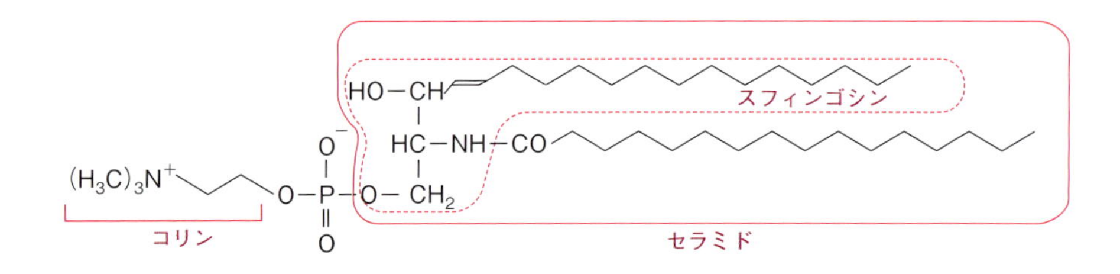

図 2・12　スフィンゴミエリン

ルキル鎖を１本含んでいる。これに１本の脂肪酸がアミド結合したセラミドがスフィンゴ脂質の基本構造であり，これにグリセロリン脂質の場合と同じく，リン酸基を介して親水性の分子が結合したものがスフィンゴリン脂質である。たとえば，親水性の分子としてコリンが結合したものは**スフィンゴミエリン**である（図 2・12）。

2・2・3 (2)　糖脂質（グリセロ糖脂質，スフィンゴ糖脂質）

糖脂質　glycolipid

リン脂質がもつリン酸基の代わりに，糖が結合したものを**糖脂質**という。糖脂質にもグリセロールを骨格とした**グリセロ糖脂質**と，スフィンゴシンを骨格とした**スフィンゴ糖脂質**がある（図 2・13）。グリセロ糖脂質は，古細菌や一部の真正細菌，植物（主に葉緑体）によく見られ，動物では神経組織や精子に見られる。スフィンゴ糖脂質は，おもに動物や菌類に分布している。

細胞に含まれる糖脂質の大部分は細胞膜上（葉緑体においてはチラコイド膜内膜）に存在し，その糖鎖部分を細胞外に露出しているものがほとんどである。

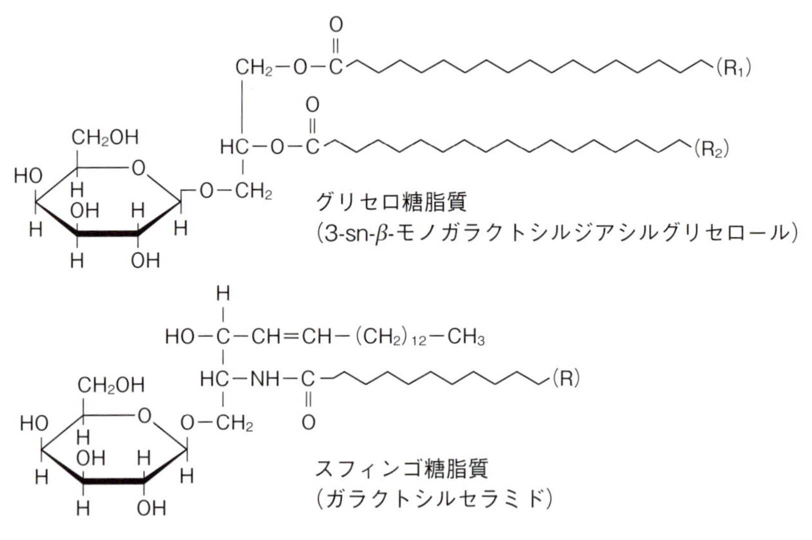

図 2・13　糖脂質

コラム 2・3　油と脂

油と脂は，どちらも「あぶら」と読むが，両者の違いは何だろうか？　答えは，常温で液体のものを「油」，固体のものを「脂」という。動物から抽出される脂肪酸は常温で固体である「脂」が多いのに対して，植物から抽出される脂肪酸は常温で液体である「油」が多い。

天然の油脂のうち，サラダ油やオリーブ油などの植物性油脂は不飽和脂肪酸であるリノール酸やオレイン酸を多く含む。脂肪酸の不飽和度が高いほど，つまり含まれる二重結合の数が多いほど，その脂肪酸は曲がった構造を多くもつため，炭化水素鎖どうしの接近が妨げられて集合しづらく，融解温度が低くなる。また，バターや牛脂などの動物性油脂は飽和脂肪酸であるパルミチン酸やステアリン酸を多く含む。脂肪酸の飽和度が高いほど，つまり含まれる二重結合の数が少ないほど，その脂肪酸は直鎖状の構造に近づき，これは集合しやすく炭化水素鎖間に強い引力が生じるため融解温度は高くなる。話にあぶらが乗ってきたところだが，このあたりでやめておこう。

2・3　糖　質

糖はエネルギー貯蔵物質として重要であり，動物ではグリコーゲン，植物ではデンプンという形で貯蔵される。これらが分解されてグルコースがつくられ，グルコースの分解反応によって取り出されるエネルギーから ATP がつくられる（**5・1 節**）。植物の細胞壁であるセルロースも糖（グルコース）の重合体である。

また，遺伝情報の本体である核酸の構成成分も糖を含む化合物である。さらに糖は，タンパク質に結合して糖タンパク質をつくり，脂質に結合してつくられる糖脂質は生体膜をつくる成分として用いられている。このように，糖は生体内で多岐にわたる役割を果たしている。

糖類は，単糖分子を基本として，縮合した単糖の数に応じて，二糖類，多糖類に分類される。

2・3・1　単糖類

単糖
monosaccharide

単糖の分子骨格は枝分かれしていない炭素鎖である。その炭素数によって**三炭糖**（**トリオース**），**四炭糖**（**テトロース**），**五炭糖**（**ペントース**），**六炭糖**（**ヘキソース**）のように称される。このうち，アルデヒド基をもつものを**アルドース**，ケトン基をもつものを**ケトース**という。分子内の炭素を区別するために，アルデヒド基やケトン基の炭素の番号が小さくなるように，端から通し番号がつけられる（**図 2・14**）。

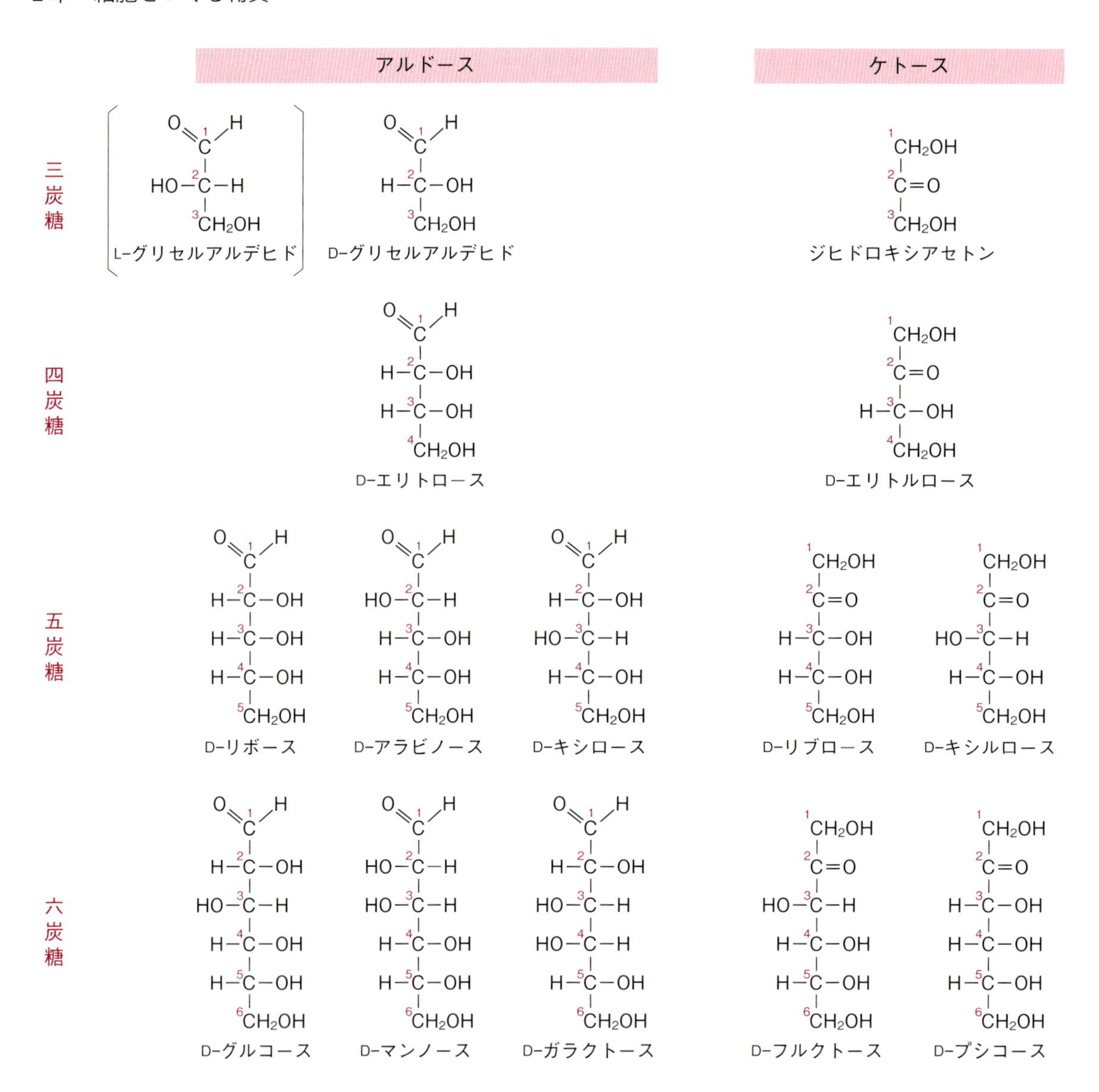

図2･14　主な単糖類

これらの単糖は分子内に**不斉炭素**をもつため，**D体**と**L体**の鏡像異性体が存在する。タンパク質をつくるアミノ酸がL体のみであるように，生体内の糖はほとんどD体である。糖のD体とL体の区別は，グリセルアルデヒドの立体配置を基準としており，**図2･14**に示すように，アルデヒド基(-CHO)を上にして，上下に炭素鎖が最も長くなるように構造を描いたとき，アルデヒド基中の炭素から最も遠い不斉炭素（**図2･14**のグリセルアルデヒド中の2番の炭素）についているヒドロキシ基が右側にくるものがD体，左側にくるものがL体である。

図 2･14 では直鎖構造で示したが，四炭糖以上の糖は水溶液中において環状で存在する。アルドースのアルデヒド基や，ケトースのケトン基は，分子内のヒドロキシ基と可逆的に反応して環状の構造をとる（**図 2･15**）。

たとえば六炭糖のグルコースの場合，アルデヒド基が 5 位のヒドロキシ基と反応して六員環構造の**ピラノース**とよばれる構造をつくり，**グルコピラノース**となる。あるいは，同じく六炭糖のフルクトースの場合，ケトン基がおもに 5 位のヒドロキシ基と反応して五員環の**フラノース**とよばれる構造をつくり，**フルクトフラノース**となる。ピラノース，フラノースの名称は，それぞれ同様な環構造をもつピラン，フランに由来している。

直鎖状の糖が環状になることにより不斉炭素が一つふえるため，さらに **α 体**と **β 体**の異性体が生じる（**図 2･15**）。**図 2･15** 中に⇦で示したヒドロキシ基が六員環（図左），あるいは五員環（図右）の下に突き出るものが α 体，上に突き出るものが β 体である。水溶液中では，これら二つの異性体は平衡状態にあり，グルコースの場合，α-D- グルコピラノースと β-D- グルコピラノースがそれぞれ 37％と 63％の比率で存在する（直鎖状の D- グルコースは 0.02％）。

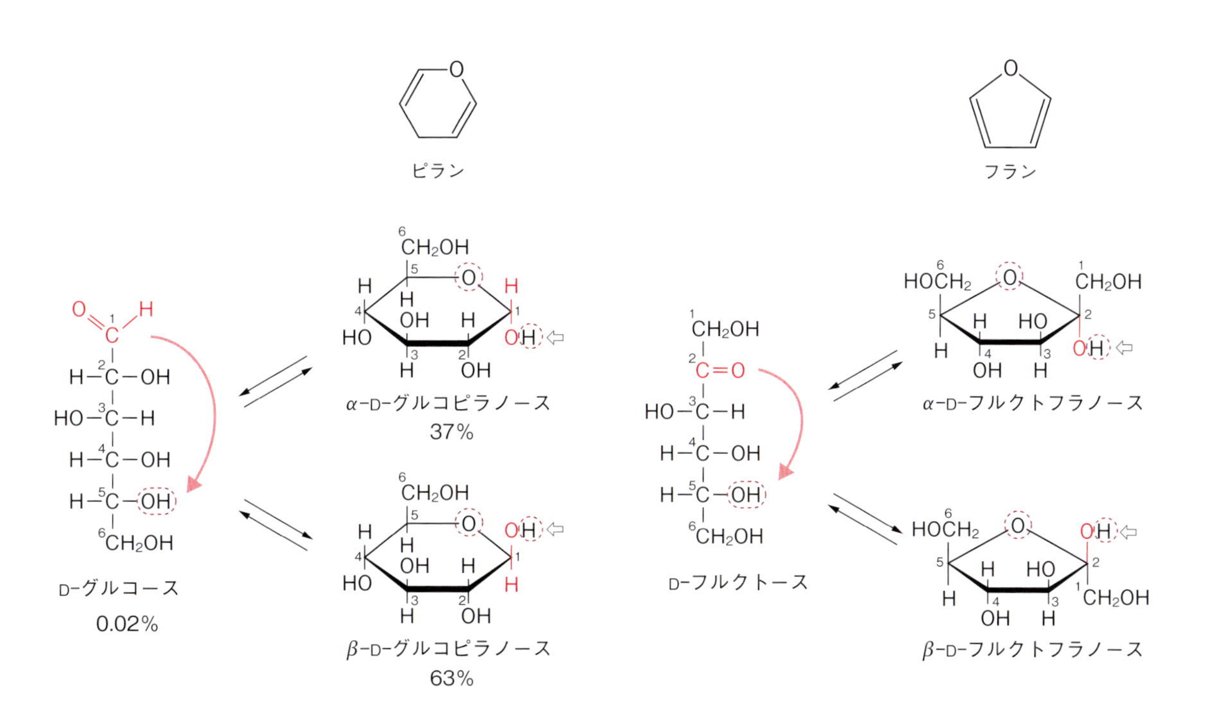

図 2･15　ピラノースとフラノース

① グルコース

グルコースは**ブドウ糖**ともよばれており，細胞内で直接代謝されてエネルギーが取り出される（**5·1節**）。しかし，砂糖の70％程度の甘さしかない。光合成では，空気中の二酸化炭素からこのグルコースがつくられ，さらにそのグルコースが重合した**デンプン**の状態で貯蔵される。また，植物の細胞壁をつくる**セルロース**もグルコースが別の結合で重合したものである。高等動物では，グルコースが別の形態で重合した**グリコーゲン**の状態で貯蔵される（**2·3·3項** 参照）。

デンプン　starch

② フルクトース

フルクトースは**果糖**ともよばれ，文字通り果実中に多く含まれる。天然の糖の中でもっとも甘く感じられ，砂糖の1.5倍程度の甘さとされている。フルクトースはフラノース型とピラノース型の両方の構造を取りうるが（**図2·15**にはフラノース型しか示していない），フラノース型の方が甘く感じられる。これは温度によって平衡状態が変わるためであり，高温ではピラノース型がふえ，低温ではフラノース型がふえる。そのため，低温の方が甘みが強く感じられる。果物を冷やすと甘みが増すのはこのためである。生体内では，酵素によりグルコースに変換されて利用される場合と，中性脂肪に変換されて貯蔵される場合などがある。

③ ガラクトース

ガラクトースはそのままではエネルギーを取り出すことができないため，生体内では酵素によりグルコースに変換されてから代謝される。ガラクトースは，エネルギー貯蔵物質としてだけでなく，細胞をつくる**糖脂質**や**糖タンパク質**の構成成分でもある。

2·3·2　二 糖 類

単糖のもつヒドロキシ基が，別の単糖のヒドロキシ基と脱水縮合して，**グリコシド結合**によって結合した単糖2分子からなるものを**二糖**という（**図2·16**）。グリコシド結合に関わる炭素の番号を記して表される。生体内では各種の酵素により単糖に分解されて利用される。

二糖　disaccharide

① スクロース（ショ糖）

スクロースは，グルコースとフルクトースが結合したものである。α体の

スクロース（ショ糖）
＝ α-D-グルコシル（1→2）β-D-フルクトース

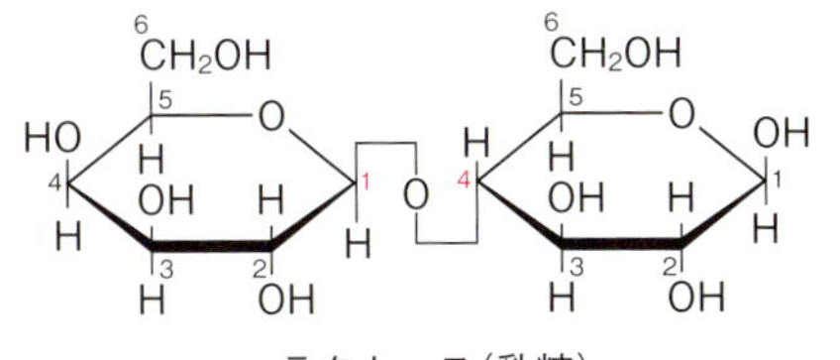

ラクトース（乳糖）
＝ β-D-ガラクトシル（1→4）β-D-グルコース

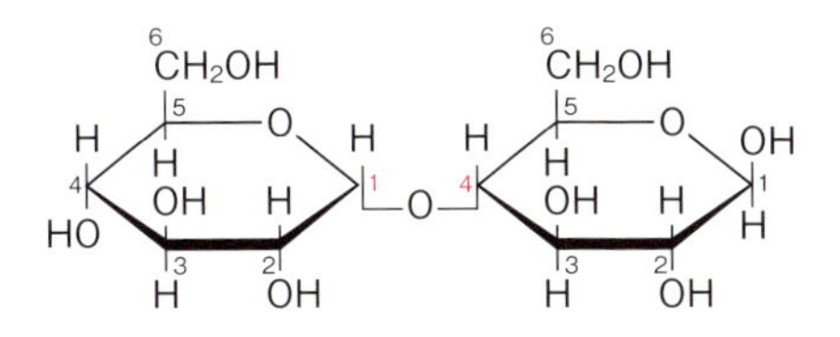

マルトース（麦芽糖）
＝ α-D-グルコシル（1→4）β-D-グルコース

図 2·16　いろいろな二糖類

グルコース（α-D-グルコース）の1位の炭素から伸びるヒドロキシ基と，β体のフルクトース（β-D-フルクトース）の2位の炭素から伸びるヒドロキシ基がグリコシド結合したもので，このような結合をα1→β2と表す。スクロースは**α-D-グルコシル（1 → 2）β-D-フルクトース**と表すことができる。

ショ糖ともよばれ，いわゆる砂糖の主成分である。生体内では，スクラーゼやインベルターゼとよばれる酵素によりグルコースとフルクトースに分解されて利用される。

② ラクトース（乳糖）

ラクトースは，ガラクトースとグルコースからなる二糖である。β-D-ガラクトースの1位と，D-グルコースの4位がグリコシド結合したもので，ガラクトース部分はβ体に固定されるものの，グルコース部分はα体とβ体の両方の構造を取りうる。このような結合をβ1→4と表す。ラクトースは，**β-D-ガラクトシル（1 → 4）-D-グルコース**と表すことができる（**図 2·16** にはグルコース部分がβ体のものが示されている）。

乳糖ともよばれ，哺乳類の乳汁に多く含まれている。生体内ではラクターゼやβ-ガラクトシダーゼとよばれる酵素によりガラクトースとグルコースに分解されて利用される。

③ マルトース（麦芽糖）

マルトースは，グルコースが2分子結合したものである。α-D-グルコースの1位と，別のα-D-グルコースの4位がグリコシド結合しており，1位で結合するグルコース部分はα体に固定されるが，4位で結合するグルコース部分はα体とβ体の両方の構造を取りうる。このような結合を$\alpha 1 \rightarrow 4$と表す。マルトースは，**α-D-グルコシル(1 → 4)-D- グルコース**と表すことができる（**図2･16**にはグルコース部分がβ体のものが示されている）。

麦芽糖ともよばれ，文字通り発芽した大麦（麦芽）中に多く含まれる。生体内では，α-グルコシダーゼとよばれる酵素によりグルコースに分解されて利用される。

2･3･3　多 糖 類

多糖
polysaccharide

多数の単糖がグリコシド結合で重合したものを**多糖**という。生体内での役割として，デンプンやグリコーゲンのようにエネルギー貯蔵物質（**貯蔵多糖**）としてはたらくものと，セルロースやキチンのように細胞の構造を支えるもの（**構造多糖**）とに分けられる。

① デンプン

グルコースが**α1→4 結合**（つまりマルトースと同じ）をくり返して重合した高分子を**アミロース**という（**図2･17**）。$\alpha 1 \rightarrow 4$結合は少しだけ角度をもつため，これをくり返したアミロースはらせん状の構造となる。また，アミロース中のグルコースユニット20～25個ごとに，**α1→6 結合**で枝分かれした構造を含むものを**アミロペクチン**という。これらアミロースとアミロペクチンの混合物が**デンプン**である。デンプンは植物における貯蔵多糖で，光合成によりつくられ（**5･3･3項**），種子，根，地下茎などに貯えられる。

デンプンを高感度で検出する「ヨウ素デンプン反応」は，デンプン中のアミロースのらせん構造にヨウ素分子が入り込むことによって青紫色を呈するものである。

デンプンは生体内で**アミラーゼ**という酵素によって分解されて利用される。アミラーゼにはα-アミラーゼとβ-アミラーゼがあり，α-アミラーゼはデンプン中の$\alpha 1 \rightarrow 4$結合をランダムに切断し，β-アミラーゼも$\alpha 1 \rightarrow 4$結合を切断するが，末端からマルトースを単位として切断していく。

② グリコーゲン

デンプンに似た構造のグルコースの重合体であるが，**α1→6 結合**による枝分かれの数がデンプンよりもはるかに多く，アミロース中のグルコースユニット8～12個ごとに分岐している（**図2･17**）。動物における貯蔵多糖で

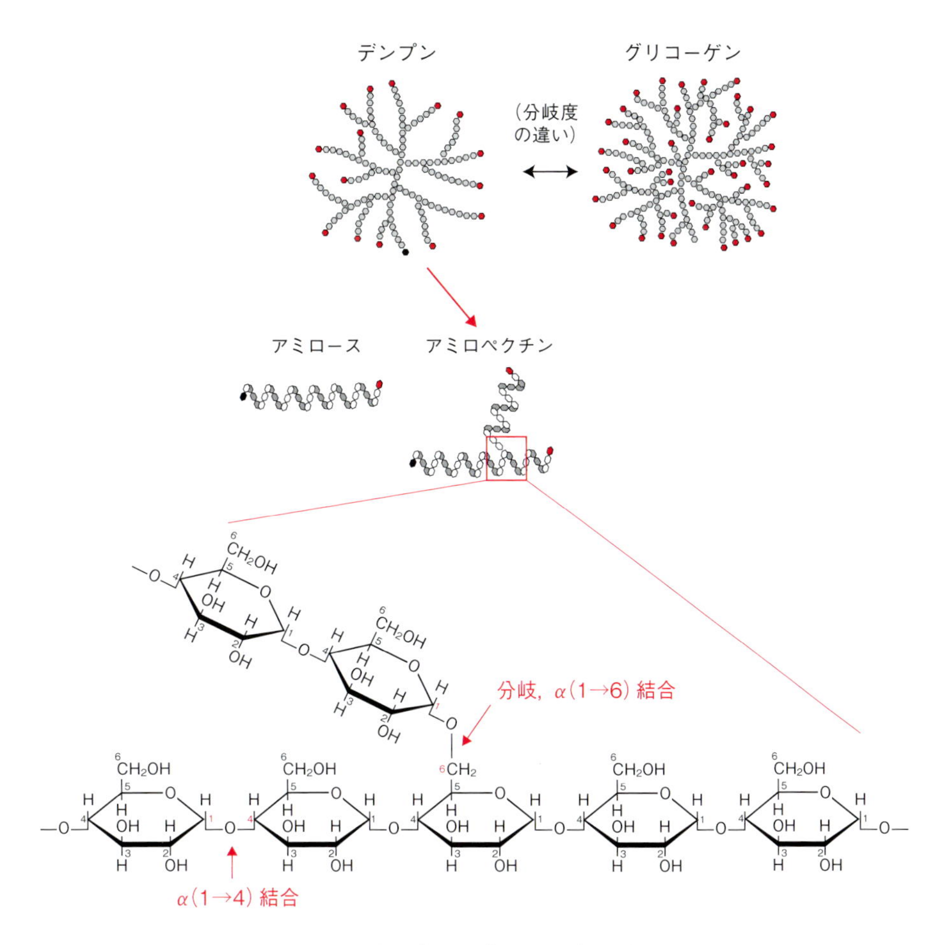

図 2·17 デンプンとグリコーゲンの構造
(坂本, 2012 より改変)

肝臓や骨格筋に貯えられる。貯えられたグリコーゲンは, グリコーゲンホスホリラーゼなどの酵素によりグルコースに分解されて利用される。

③ セルロース

デンプンやグリコーゲンと同じくグルコースの重合体だが, **β1→4 結合**をくり返して重合したものであり, 枝分かれもしていない (**図 2·18**)。アミロースをつくる α1→4 結合はらせん構造をつくるが, β1→4 結合では分子鎖が直鎖状の構造をとり, この分子鎖が水素結合によって 40 ～ 80 本並んで束となった微繊維をつくる。植物細胞における構造多糖であり, **細胞壁**の主成分である。

セルロースをつくる β1→4 結合は, **セルラーゼ**という酵素で切断されるため, これをもつ生物はセルロースを栄養源とすることができる。哺乳類自

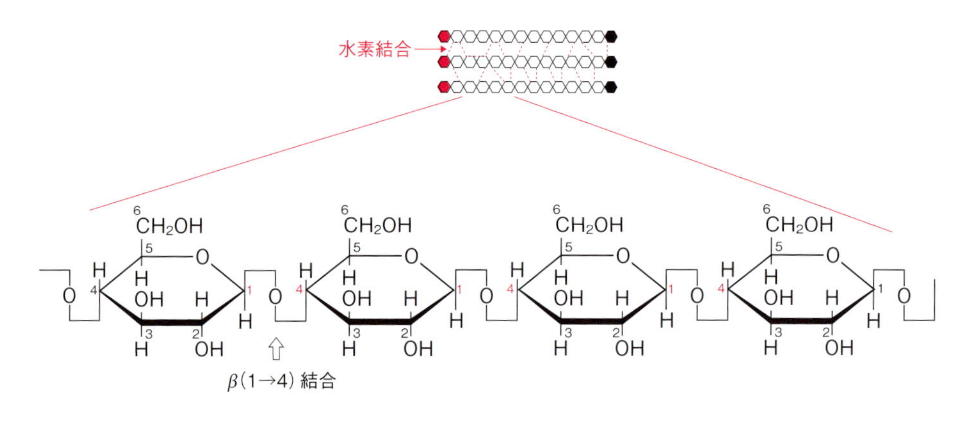

図 2·18　セルロースの構造

身はセルラーゼを産生できないが，草食動物は消化管にセルラーゼを産生する**腸内細菌**を共生させているため，セルロースを分解して利用することができる。

④ **キチン**

単糖には，**図 2·14** で示したもののほかに，アミノ基をもつものもある。***N*-アセチル-*β*-D-グルコサミン**（*N*-アセチルグルコサミン）は，グルコースの2位のヒドロキシ基がアミノ基に置換した**アミノ糖**とよばれるもので，これが β1→4 結合をくり返して重合した高分子を**キチン**という（**図 2·19**）。昆虫やカニ，エビなどの外骨格の主成分である。キチンは丈夫であり，なおかつ環境中や生体内において酵素的に分解されるため，**生分解性プラスチック**や，**手術用の縫合糸**として利用が検討されている。

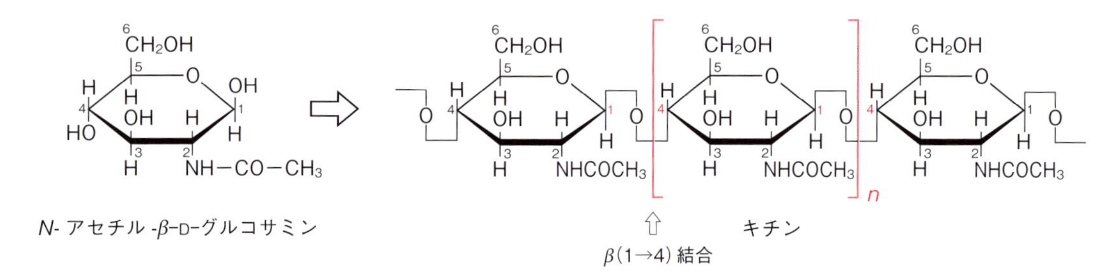

図 2·19　キチンの構造

⑤ **ペプチドグリカン**

真正細菌の細胞壁をつくる**ペプチドグリカン**（1章の**図 1·3** を参照）は，糖とペプチドからなる化合物であり，糖の部分は***N*-アセチルグルコサミン**

N-アセチルグルコサミン　*N*-アセチルムラミン酸

$$\left[\ -O-\text{GlcNAc}(\text{C1–C6};\ ^6CH_2OH,\ 3\text{-}OH,\ 2\text{-}NHCOCH_3)-O-\text{MurNAc}(\text{C1–C6};\ ^6CH_2OH,\ 2\text{-}NHCOCH_3)-O-\ \right]_n$$

$$\text{MurNAc C3}-O-CH(CH_3)-C{=}O$$

$$-NH-CH(CH_3)-C{=}O \quad \text{L-アラニン}$$

$$-NH-CH(COO^-)-CH_2-CH_2-C{=}O \quad \text{D-イソグルタミン酸}$$

$$-HN-CH((CH_2)_4-\overset{+}{N}H_3)-C{=}O \quad \text{L-リシン}$$

$$-HN-HC(CH_3)-COO^- \quad \text{D-アラニン}$$

他の鎖の
D-アラニンの
カルボキシ基
と結合

構成単位

他の鎖の L-リシンの ε-アミノ基と結合

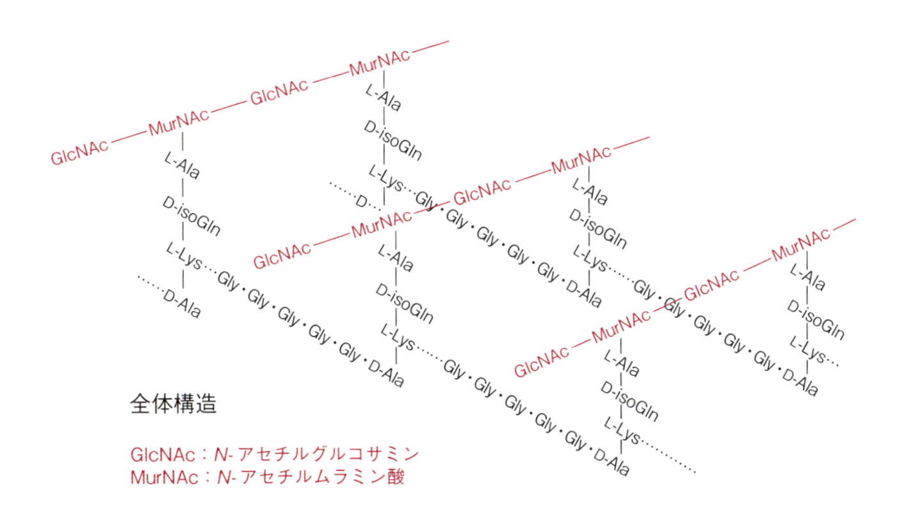

図 2·20　グラム陰性菌のペプチドグリカン
（有坂，2015；坂本，2012 より改変）

と**N-アセチルムラミン酸**という2種類のアミノ糖が**β1→4結合**で交互に結合した多糖で，これがD体のアミノ酸を含むペプチドによって架橋されたものである（**図2·20**）。ペプチド部分のアミノ酸配列は細菌の種類によって異なる。

抗生物質の一つである**ペニシリン**は，ペプチドグリカンの架橋を担うペプチド部分の合成を行う酵素の活性を阻害し，細胞壁を弱める作用をもつ。また，風邪薬などに使用される**リゾチーム**（**図2·5**参照）は，*N*-アセチルグルコサミンと*N*-アセチルムラミン酸との間の結合を切断する酵素であり，この作用により細菌の増殖が抑えられる。ペプチドグリカンは，哺乳類細胞には見られない構造のため，これをターゲットとする薬剤はヒトに対する毒性が低い。

コラム2·4　おいしさの正体

鉄板でステーキを焼くと，肉が褐色に変色しておいしそうな香りがしてくる。このとき鉄板の上で起こっているのは，加熱によるタンパク質の変性だけではない。肉に含まれる糖とタンパク質（およびアミノ酸とペプチド）が複雑な化学反応を起こして，メラノイジンという褐色物質と，さまざまな香気成分を生み出す。これをメイラード反応という。

また，砂糖水を加熱していくと，やはり褐色に変色して甘い香りがしてくる。これはプリンなどにかかっているいわゆるカラメルソースで，メイラード反応とは異なり，糖類のみを加熱したときに起こるカラメル化反応によるものである。

実はメイラード反応もカラメル化反応も，複雑な反応から数百種類ともされる生成物が生じるため，その全容はちゃんと解明されていない。解明されたとしても，おいしさに影響はない。

2·4　ヌクレオチドと核酸

核酸　nucleic acid

核酸とは（真核）細胞の核に多く含まれる酸性の物質，ということから付けられた名称であり，**ヌクレオチド**という化合物を単位として，これが鎖状に重合した多量体化合物である。

ヌクレオチドは，細胞内におけるエネルギー供給物質として重要な役割を担い，また，ヌクレオチドの誘導体は，酸化還元反応における電子伝達体や，情報伝達物質としても機能している。ヌクレオチドが重合した核酸は，その配列が**遺伝情報**となり，また，遺伝情報が発現される際にも種々の核酸が機能している。

2・4・1　ヌクレオチド

ヌクレオチドは，**五炭糖**，**塩基**，**リン酸**からなる化合物である。塩基の骨格となる各炭素原子と，糖の骨格となる各炭素原子に通し番号をつけて位置を区別するのだが，糖の番号には1′，2′，3′……，のようにダッシュ（′：プライム）をつけて塩基部分と区別する（図2・21）。

五炭糖には，リボースとその2′位が還元された2-デオキシリボースの2種類がある。塩基には，プリン誘導体の**アデニン**（Aと略記する）と**グアニン**（G），およびピリミジン誘導体である**シトシン**（C），**チミン**（T），**ウラシル**（U）の合計5種類がある。

リボース，あるいは2-デオキシリボースの1′位に，塩基のみが*N*-グリコシド結合したものを**ヌクレオシド**という（つまり，ヌクレオチドからリン酸のみが外れたもの）（図2・22）。ヌクレオシドは結合している塩基の名称から命名され，たとえば，リボースに塩基としてアデニンが結合したものをアデノシンという。また，2-デオキシリボースに塩基としてチミンが結合したものをデオキシチミジンという。

天然に見られるヌクレオシドは，リボースにA，G，C，Uの4種の塩基のいずれかが結合したものと，2-デオキシリボースにA，G，C，Tの4種の塩基のいずれかが結合したものである。つまり，A，G，Cは共通であるが，

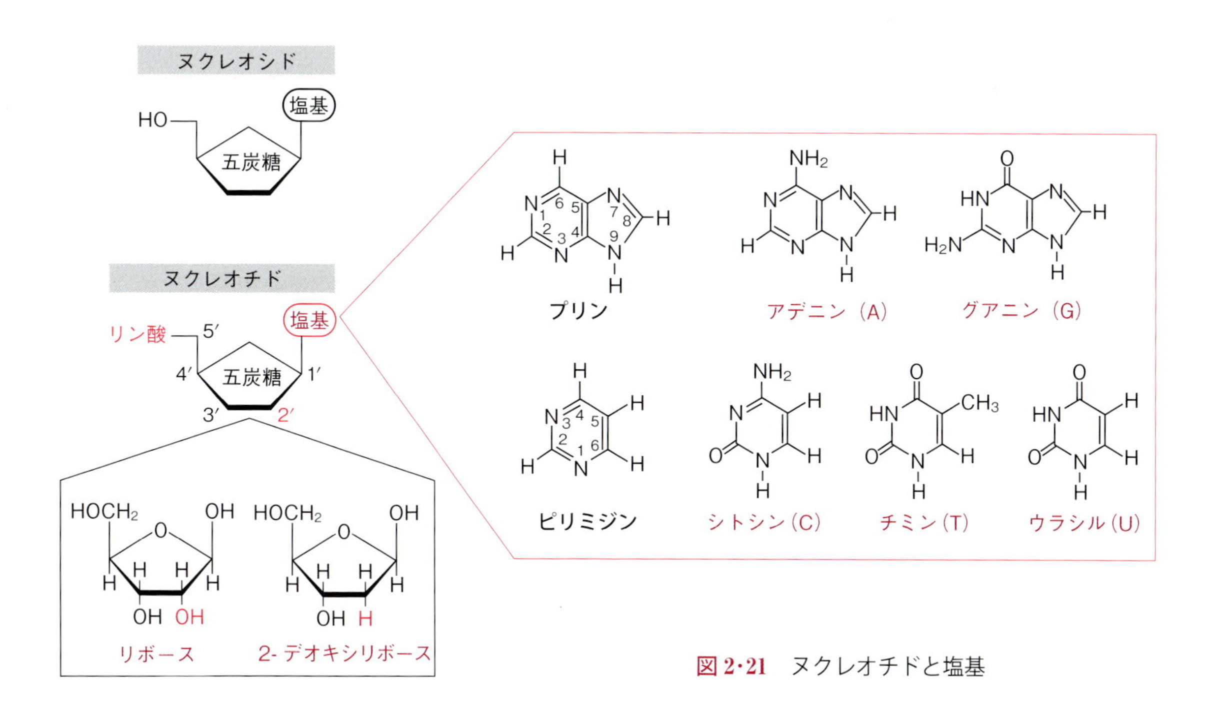

図2・21　ヌクレオチドと塩基

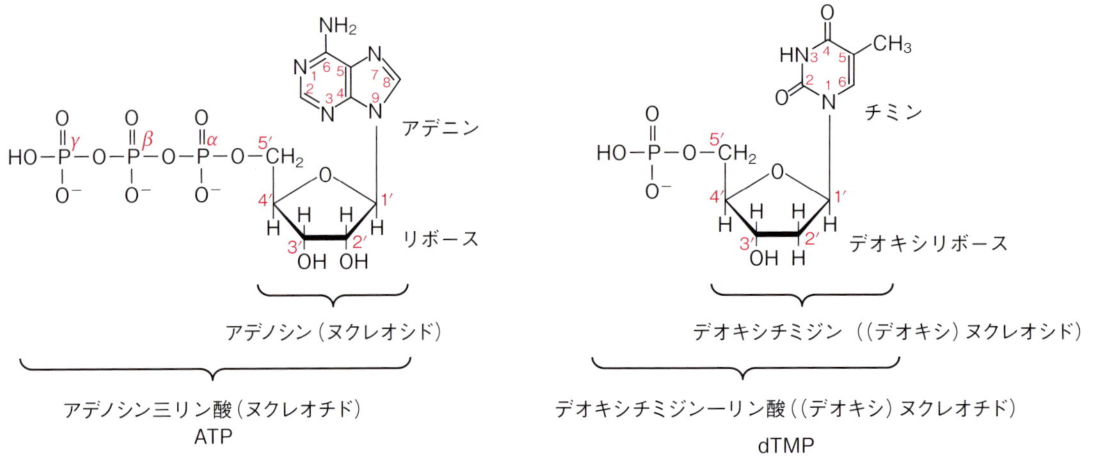

図2·22　ヌクレオシドとヌクレオチド

Uはリボースとのみ，Tは2-デオキシリボースとのみ結合したものしか見られない。そのため，Tを含むヌクレオシドは，「デオキシ」を省略して単にチミジンとよばれることが多い。

ヌクレオシドの5′位にリン酸が結合したものがヌクレオチドであり，糖の部分がリボースであればリボヌクレオチド，2-デオキシリボースであればデオキシリボヌクレオチドという（**図2·23**）。ヌクレオチドには通常，一つから三つまでのリン酸が結合する。三つのリン酸基は，糖に近い方から α，β，γ と指定される（**図2·22**）。たとえば，アデノシンにリン酸が一つ結合したもの（monophosphate）を**アデノシン一リン酸**（**AMP** と略記する：**表2·4**），二つ結合したもの（diphosphate）を**アデノシン二リン酸**（**ADP**），三つ結合したもの（triphosphate）を**アデノシン三リン酸**（**ATP**）という。デオキシリボヌクレオチドであれば，dAMP，dADP，dATPのように略記する（**表2·4**）。また，塩基を特に指定しない場合は，塩基を表すアルファベットをNと一般化してNTPやdNTPと表す。

① ATPとGTP

ヌクレオチドのうち，ATPとGTPは，生体内におけるエネルギー供給物質としての役割を担っている。リン酸どうしの結合は，高エネルギーリン酸結合とよばれ，この結合が切断（加水分解）されるときに大きなエネルギーが放出される。多くの場合，ATP（あるいはGTP）から**γ位のリン酸**が一つ切断されてADP（あるいはGDP）となるときのエネルギーが利用される。

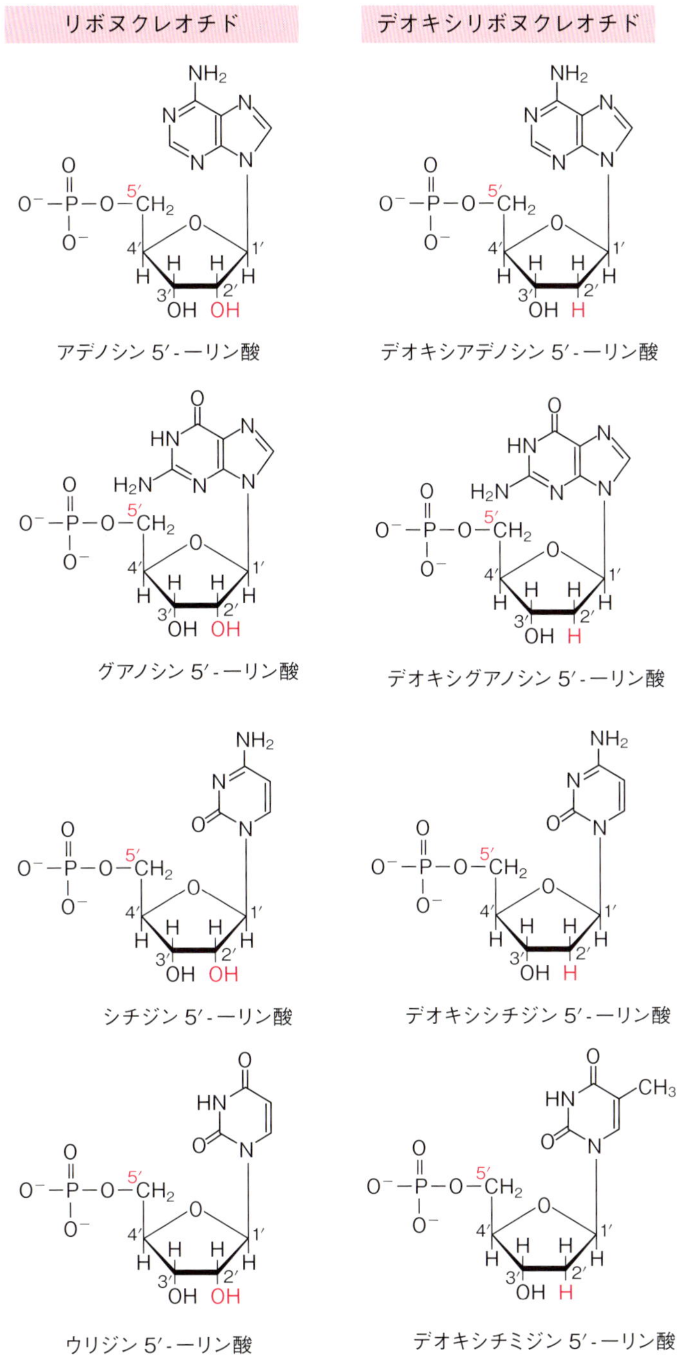

リボヌクレオチド	デオキシリボヌクレオチド
アデノシン 5′-一リン酸	デオキシアデノシン 5′-一リン酸
グアノシン 5′-一リン酸	デオキシグアノシン 5′-一リン酸
シチジン 5′-一リン酸	デオキシシチジン 5′-一リン酸
ウリジン 5′-一リン酸	デオキシチミジン 5′-一リン酸

図 2·23　リボヌクレオチドとデオキシリボヌクレオチド

表2·4　ヌクレオチドの種類

塩基	一リン酸	二リン酸	三リン酸
		リボヌクレオチド	
アデニン（A）	AMP	ADP	ATP
グアニン（G）	GMP	GDP	GTP
シトシン（C）	CMP	CDP	CTP
ウラシル（U）	UMP	UDP	UTP
		デオキシリボヌクレオチド	
アデニン（A）	dAMP	dADP	dATP
グアニン（G）	dGMP	dGDP	dGTP
シトシン（C）	dCMP	dCDP	dCTP
チミン（T）	dTMP	dTDP	dTTP

② cAMP

細胞内に多く存在するATPは，情報を伝えるためのシグナル物質にも転用される。ATPに**アデニル酸シクラーゼ**という酵素がはたらくと，3′と5′の間で分子内結合（リン酸ジエステル結合）が形成され，cAMP（サイクリックAMP）という物質が生成する（**図2·24**）。cAMPは細胞内における代表的なシグナル物質であり，さまざまな生体反応の調節に用いられる。

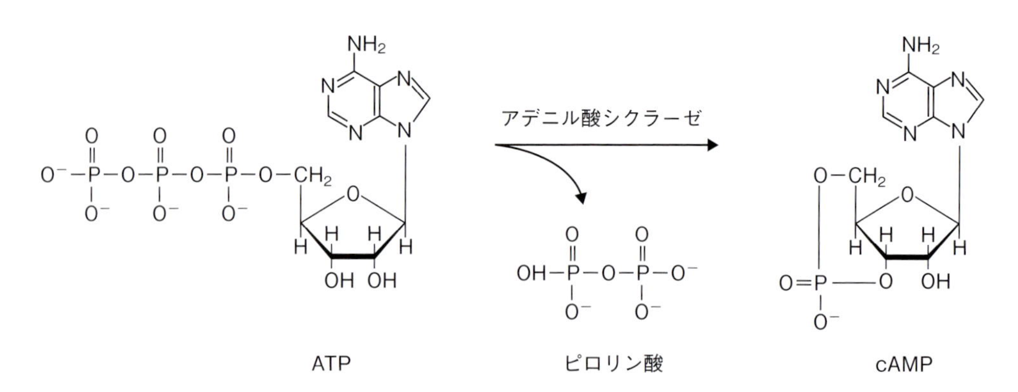

図2·24　サイクリックAMP（cAMP）の生合成反応

③ NAD⁺，NADP⁺，FAD

ヌクレオチドの誘導体として重要なものに，NAD^+（ニコチンアミドアデニンジヌクレオチド），$NADP^+$（ニコチンアミドアデニンジヌクレオチドリン酸），およびFAD（フラビンアデニンジヌクレオチド）がある（**図2·25**）。生体内では，さまざまな場面で酸化還元反応が行われているが，その際に電子の運び手が必要となる。NAD^+（酸化型）はNADH（還元型），$NADP^+$（酸化型）はNADPH（還元型），FAD（酸化型）は$FADH_2$（還元

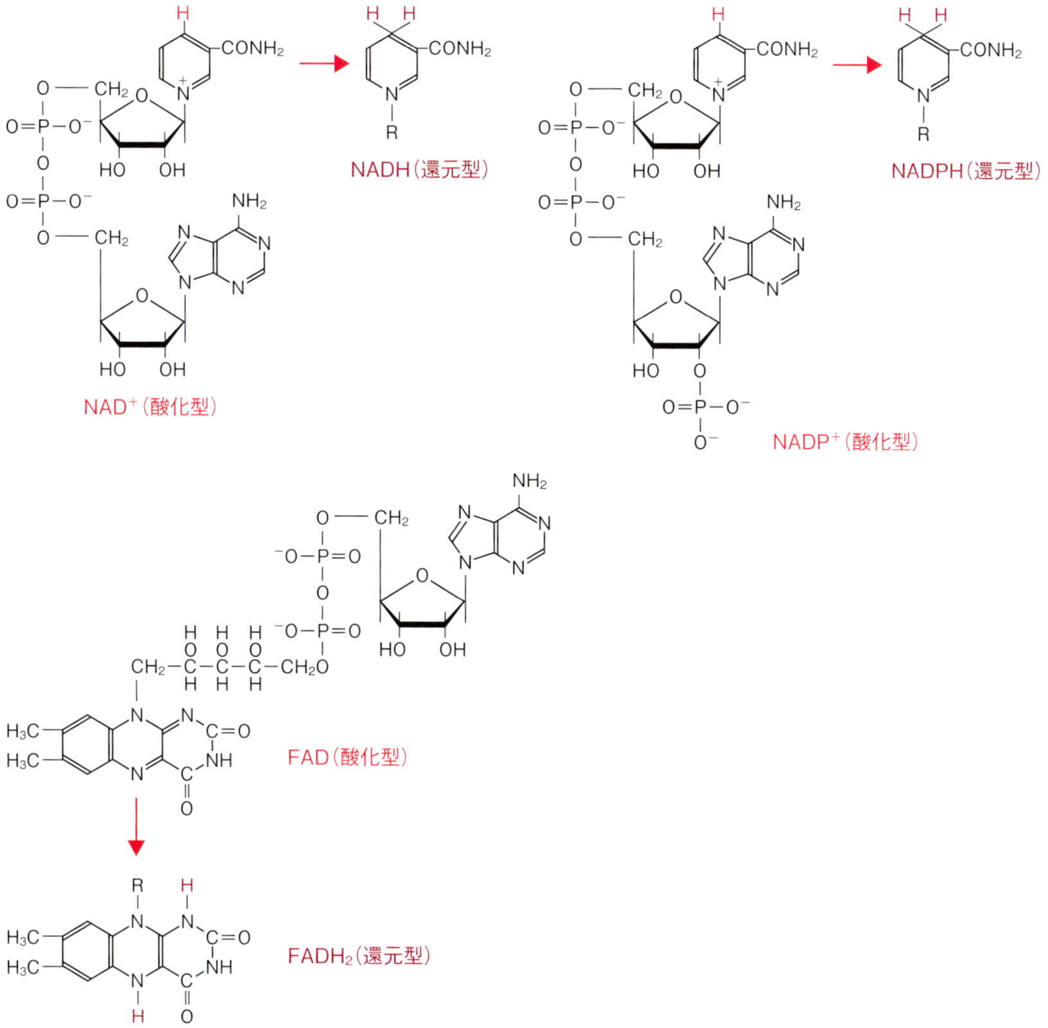

図 2·25　NAD^+，$NADP^+$および FAD の構造
（有坂，2015 より改変）

型）となることで電子の運び手，あるいは受け手となり，生体内での酸化還元反応における電子伝達体として重要な役割を担っている（**5·1·3 項**）。

2·4·2　核　酸

核酸はヌクレオチドの 5′ 位のリン酸が，別のヌクレオチドの 3′ 位のヒドロキシ基と結合（リン酸ジエステル結合）したポリヌクレオチドで，デオキシリボヌクレオチドが重合した **DNA**（デオキシリボ核酸）と，リボヌクレオチドが重合した **RNA**（リボ核酸）に分類される（**図 2·26**）。生体内における DNA と RNA の役割は明確に異なっており，DNA は遺伝情報の保存

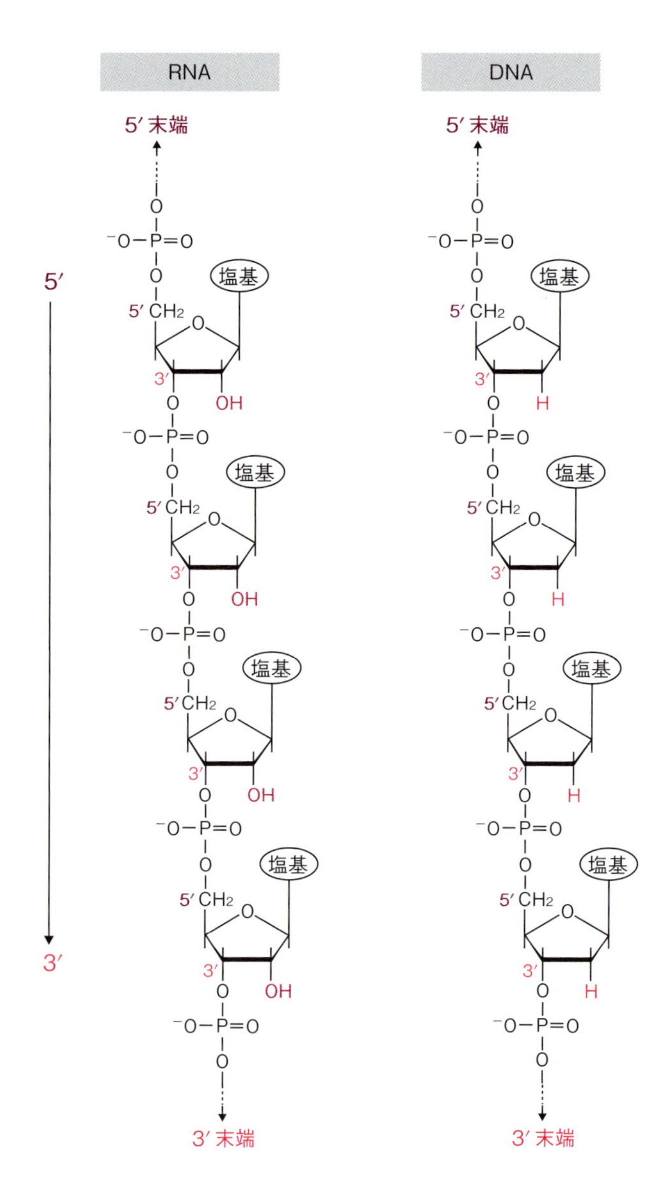

図 2·26　核酸の構造

と次世代への継承という役割を担うのに対して，RNA は DNA の遺伝情報に基づいて具体的な発現の作業を行う。

タンパク質をつくるポリペプチド鎖に N 末端と C 末端があるように，核酸にも方向性があり，ポリヌクレオチド鎖の両端のうち 5′ 位側を **5′ 末端**，3′ 位側を **3′ 末端**という。

① D N A

生体内において DNA 鎖は二本鎖の構造をとる。2 本の DNA 鎖の向き

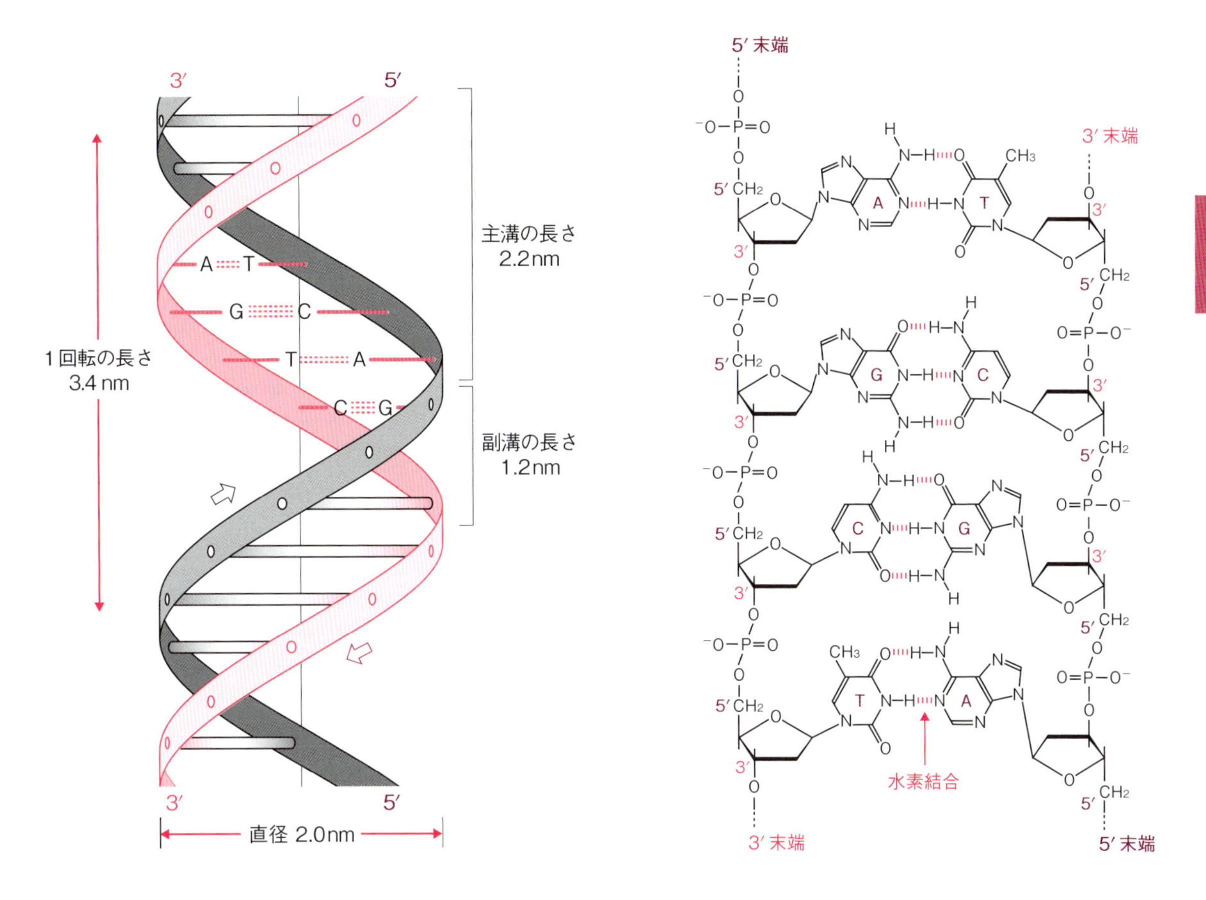

図 2・27　二本鎖 DNA の構造（B 型）

（5′末端→3′末端）が互いに逆向き（逆平行）になり，お互いの DNA 鎖中の塩基の A と T の間で 2 本の水素結合，C と G の間で 3 本の水素結合を形成して**塩基対**をつくり，直径約 2 ナノメートルの右巻き**二重らせん**をつくる（**図 2・27**）。つまり片側の DNA 鎖の塩基配列が決まれば，もう片側の塩基配列も自動的に決まってしまう。このような関係の DNA 鎖のことを**相補鎖**という。

相補鎖
complementary strand

DNA の二重らせんは B 型，A 型，Z 型の 3 種類の構造をとりうるが，水分含量の多い細胞内では B 型とよばれる構造をとる。

DNA の二本鎖構造を安定化させているのは，塩基対による水素結合であり，2 本の水素結合からなる A と T の結合に比べて，3 本の水素結合からなる G と C の結合は強い。そのため，DNA 鎖中の G と C の含有量が多いものほど安定な二本鎖をつくる。

②RNA

RNAはDNAを鋳型として相補的なRNA鎖が転写されて合成される(**3･1･3項** 参照)。RNAは生体内において一本鎖の状態のものが多い。しかし，みずからのRNA鎖内で部分的に相補的な塩基対（RNAの場合A-U間，G-C間）を形成し，多様な二次構造，三次構造を取っているものもある。タンパク質合成に関わる**rRNA**（**リボソームRNA**），**mRNA**（**メッセンジャーRNA，伝令RNA**），**tRNA**（**トランスファーRNA，転移RNA**）のほか，機能が不明のものも含めてさまざまな種類に分類される。

rRNAは，タンパク質合成装置であるリボソームを構成するRNAであり，多数のタンパク質とともに複雑で巨大な構造体をつくる。細胞内のRNAのうち，約95%はrRNAである。

tRNAは70～90塩基程度の比較的小さなRNAであり，分子内で相補的な塩基対を形成してクローバーの葉のように見える特徴的な二次構造（クローバーリーフ構造)をとる。塩基対を形成しているところを**ステム**といい，ステムをつなぐ部分は**ループ**とよばれる。三次構造（立体構造）としては，**図2･28**に示すような折りたたまれたL字形の構造をしている。

tRNAは，3′末端でアミノ酸と結合して**アミノアシルtRNA**となり，タンパク質合成の場であるリボソームへとアミノ酸を運ぶ役割をもつ（**3･2･2項** 参照)。それぞれのtRNAが結合するアミノ酸は決まっていて，たとえばメチオニンを結合するtRNAを$tRNA^{Met}$のように表記する。

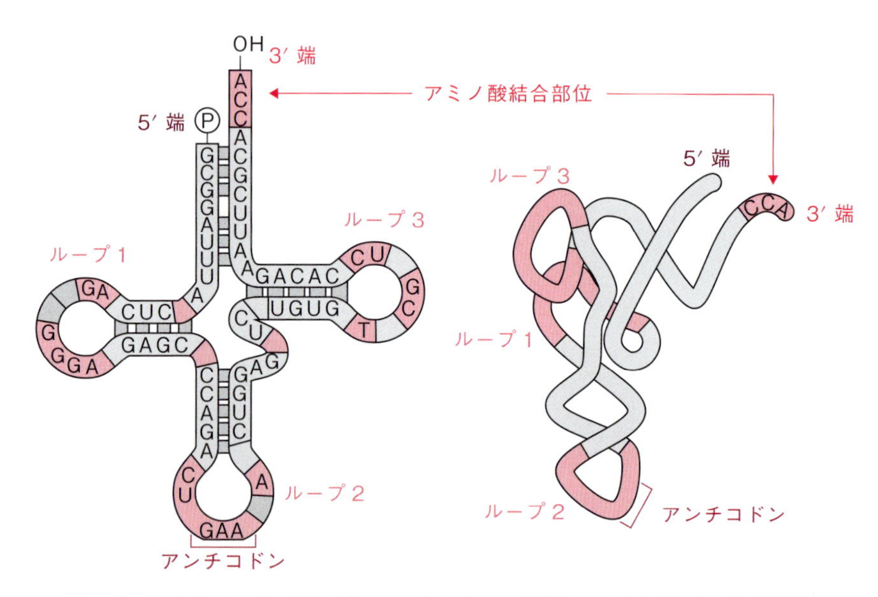

図2･28　tRNAの二次構造（クローバーリーフ構造）と三次構造（L字形構造）
（有坂，2015より改変）

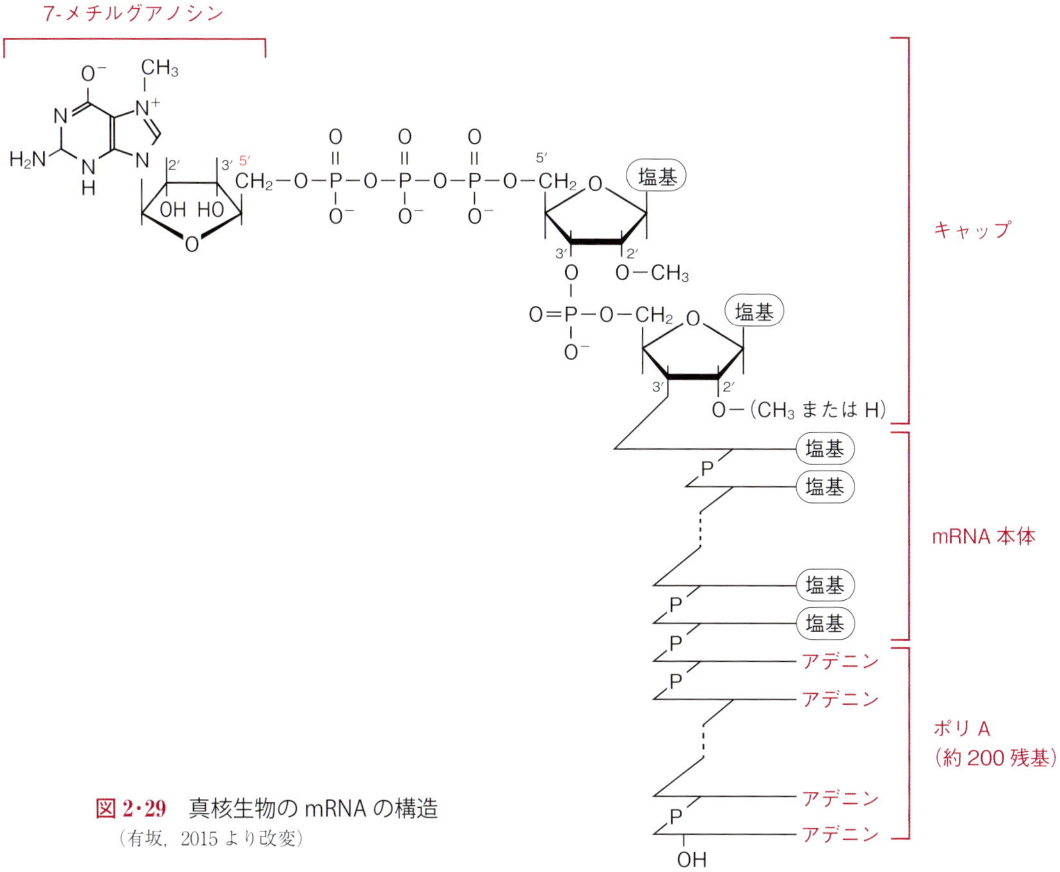

7-メチルグアノシン

キャップ

mRNA 本体

ポリ A
(約 200 残基)

図 2·29　真核生物の mRNA の構造
（有坂，2015 より改変）

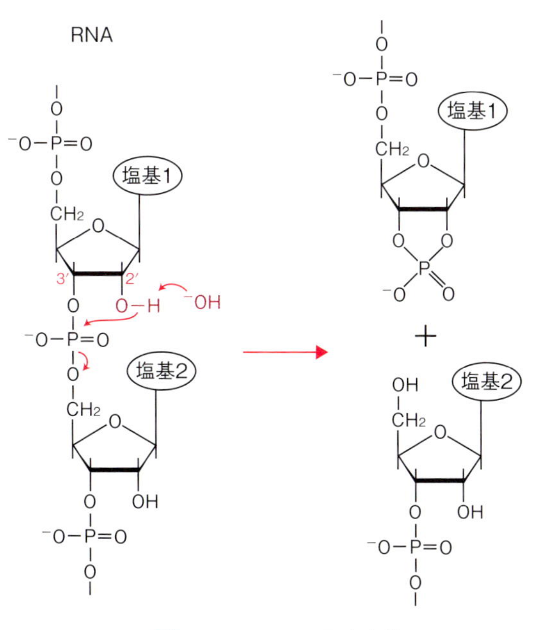

図 2·30　RNA の不安定性

DNA から特定のタンパク質を合成するための情報が転写（**3·1·3 項** 参照）されたものが mRNA であり，リボソームと結合してタンパク質合成の鋳型としてはたらく（**3·2·2 項** 参照）。真核生物の mRNA の 5′ 末端には，**キャップ構造**といって**図 2·29** のようにグアノシンの 5′ 側と 3′ 側が逆向きに結合している。また，mRNA の 3′ 末端には，**ポリ A 鎖**とよばれるアデニンヌクレオチドが連続して数十から数百付加されている領域がある。キャップ構造やポリ A 鎖を取り除くと，その mRNA は細胞内で不安定になることから，これらの構造は mRNA の安定化に関わっているとされている。

DNA は糖の 2′ 位が水素（-H）になっている

のに対して，RNAではヒドロキシ基（-OH）となっている。これはわずかな違いのように感じるかもしれないが，この2′位のヒドロキシ基の酸素は反応性が高いため，隣の3′位のリン酸ジエステル結合と反応しやすく，つまりRNA鎖の主鎖をつくる結合は切断されやすい（**図2･30**）。そのため，RNAはDNAと比べると格段に不安定である。これは，DNAは遺伝情報を安定に保持する役割をもつのに対して，RNAは必要なときだけ機能し，役目が終わると速やかに分解される場合が多い，ということを考えると理想的な使い分けがされているといえる。

コラム2･5　ATPアナログとGTPアナログ

え，デジタルじゃないの？　と思っている人がいるだろう。ここでいうアナログとは類似体という意味で，生化学の研究ではヌクレオチドのアナログが用いられる。

一般にATPを加水分解する酵素（ATPase）やGTPを加水分解する酵素（GTPase）は，

① ヌクレオチドの結合
② ヌクレオチドの加水分解
③ ヌクレオチドの解離

というサイクルをくり返すことで機能する。それぞれのステップに付随して変化が起こるわけだが，ATPやGTPを加えて挙動を観察すると①から③まで一気に反応が進んでしまうため，各ステップで何が起こっているのかを解析するのが難しい。そこで，よく使われるのがATPやGTPの「非加水分解アナログ」である。これらは，γ位のリン酸が，リン酸エステル結合ではなく，加水分解されにくい化学結合に置き換えられたもので，ATPγS（GTPγS），AMP-PNP（GMP-PNP）などがよく用いられる。

非加水分解アナログは，ATPやGTPと同様に結合はするものの，加水分解を受けない。そのため，これらの非加水分解アナログを用いて反応を行うと，ヌクレオチドを結合した状態で反応が止まり，加水分解による効果が抑えられた現象を観察できる。アナログながら，ATPase，GTPaseを研究する上で強力なツールである

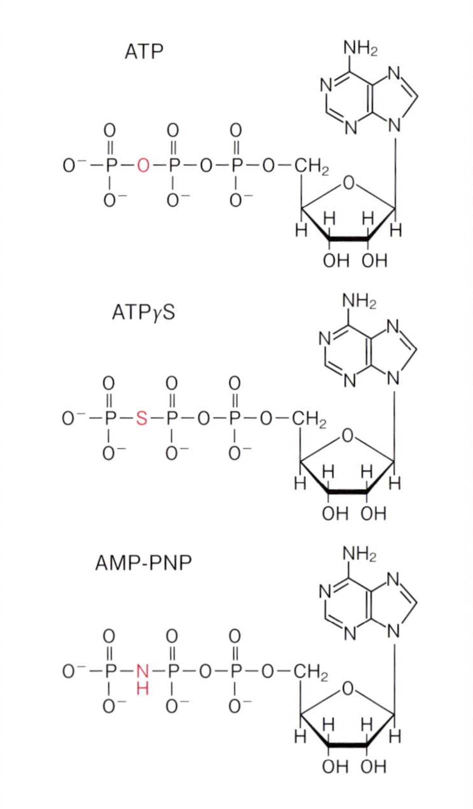

この章のまとめ

- タンパク質は20種類のアミノ酸がペプチド結合により連なった高分子化合物である。
- タンパク質は，アミノ酸配列（一次構造），局所的な立体構造（二次構造），全体的な立体構造（三次構造），タンパク質間の会合（四次構造）など特有の立体構造を形成することにより，固有の機能や特性を獲得する。
- 脂質は主として膜構造を構築する材料としての役割と，エネルギー貯蔵物質としての役割がある。
- 糖は細胞内での化学反応（生体反応）を駆動するための主要なエネルギー源であり，多糖の形態で貯蔵される。
- ヌクレオチドは五単糖，塩基，リン酸からなり，核酸（DNA，RNA）の構成単位であるとともに，細胞内におけるエネルギー供給物質としても機能する。
- DNAを構成する五単糖は2-デオキシリボース，塩基はA，G，C，Tであり，RNAを構成する五単糖はリボース，塩基はA，G，C，Uである。DNAの二本鎖の間では，特定の塩基どうしが水素結合を介して塩基対をつくる。
- 核酸には，子孫へ遺伝情報を伝える遺伝子としての役割と，遺伝情報に基づいて発現を実行する役割がある。
- 細胞内の主要なRNA種として，タンパク質のアミノ酸配列情報を遺伝子DNAから写しとりタンパク質合成系へと運ぶmRNA，タンパク質合成の場となるリボソームを形成するrRNA，タンパク質合成の際に適切なアミノ酸と結合してリボソームへと運ぶtRNAなどがある。

3章 遺伝情報の複製と発現

2章では，細胞をつくるさまざまな物質について，主にその構造と性質について述べてきた。ここからの章では，細胞が「生きている」という状態をシステムとして理解するために，細胞を成り立たせている物質群が集団となって果たしている機能と役割について述べていく。

生物は自身がもつ遺伝情報をもとに自己複製を行うが，その遺伝情報はDNAに書き込まれており，この情報が利用される際には，いったんRNAに写し取られ（転写），その情報をもとにタンパク質合成（翻訳）が行われる。こうして合成されたタンパク質が中心となって細胞を構築，駆動し，また遺伝情報の複製が行われる。

このように，遺伝情報がDNA → RNA →タンパク質という一方向に流れる概念を**セントラルドグマ**（中心教義）という。この概念は地球上のあらゆる生物に共通した基本原理である（RNAの複製と，RNAからDNAへの逆転写という現象も見られるものの，タンパク質からDNAやRNAへの逆翻訳という現象は確認されていない）。

この章では，まず遺伝情報としてDNAが担う役割と機能について述べ，そのDNAからRNAを介してタンパク質へと翻訳される過程について，セントラルドグマで規定されたプロセスに沿って述べていく。

3·1 DNAの複製・修復・転写

遺伝情報とは，生物個体をつくりあげるための情報であり，主としてDNAの塩基配列として保持されている。このDNAが正確に複製されることにより遺伝情報が次世代に伝えられる。この複製の際に起こったミスや，損傷を受けたDNAに対しては，速やかに修復が行われる。さらに，遺伝情報が取り出される際には，DNAから転写されたRNAが実働部隊として機能する。

この節では，DNAのもつ遺伝情報がどのように複製，保持され，またどのようなルールのもとにRNAへと転写されるのかについて述べる。

3·1·1　DNA の複製

母細胞（親細胞）が DNA の塩基配列としてもつ遺伝情報は，正確に複製されて娘細胞へと渡される。その DNA の複製とは，**DNA ポリメラーゼ**という酵素によりデオキシリボヌクレオチドが重合される反応である。DNA ポリメラーゼは，デオキシリボヌクレオシド三リン酸（dNTP）を基質として，dNTP からピロリン酸（PP_i）が外れるときに生じるエネルギーを使って，伸長中の DNA 鎖の 3′ 末端の -OH 基に，dNMP に一つ残るリン酸基を結合する（**図 3·1**）。そのため，DNA 鎖の伸長は 5′ 端から 3′ 端の方向にしか進まない。

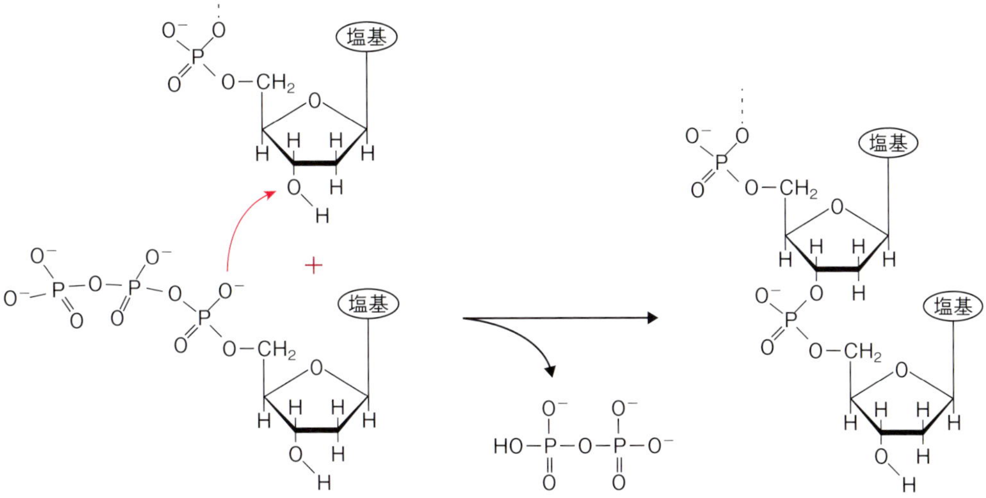

図 3·1　DNA ポリメラーゼによるヌクレオチドの付加反応

鋳型　template

親鎖
parent strand

娘鎖
daughter strand

半保存的複製
semiconservative replication

DNA が複製される過程では，元となる DNA の二本鎖がヘリカーゼとよばれるタンパク質によってほどかれながら，DNA ポリメラーゼがそれぞれの鎖を**鋳型**として相補的な塩基をもつヌクレオチドを重合していく。複製が完了したとき，それぞれ元の二本鎖 DNA と完全に同じ塩基配列をもつ二本鎖の DNA が二つできる。つまり，二本鎖のうちの 1 本は鋳型となった元の鎖（**親鎖**）で，もう 1 本は新たに合成された鎖（**娘鎖**）ということになり，このような複製を**半保存的複製**という（**図 3·2**）。

鋳型となる DNA の二本鎖がほどかれながら相補的な娘鎖が合成されるとき，鋳型となる 2 本の親鎖は 5′ → 3′ の方向が互い違いになっている。DNA ポリメラーゼは 5′ 端から 3′ 端に向かう方向にしかヌクレオチドを連結していくことができないため，一方の娘鎖は途切れずに連続して合成が進むのに

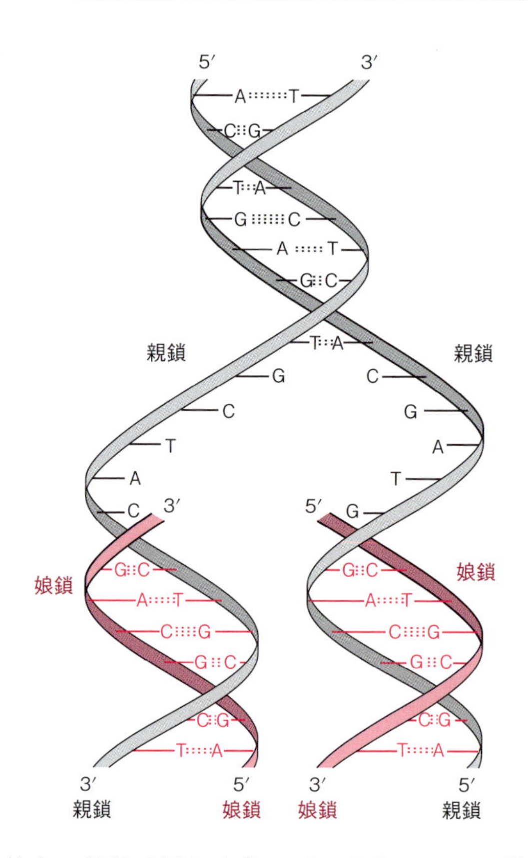

図 3・2　鋳型を使った DNA の半保存的複製

対して，他方の娘鎖は同じようにはいかない。この場合，やはり 5′ 側から 3′ 側に向けて合成されるのだが，細菌では 1000 ～ 2000 ヌクレオチド，真核生物の場合 100 ～ 400 ヌクレオチドほどの短い鎖が小刻みに合成され，それらが連結されることによって娘鎖が合成される。この小刻みに合成される短い鎖を発見者（岡崎令治）の名前をとって**岡崎フラグメント**という。伸長が連続的に進む娘鎖を**リーディング鎖**，不連続に合成される娘鎖を**ラギング鎖**という。また，鋳型 DNA の二本鎖がほどかれて娘鎖が合成されている部分は，二本鎖 DNA が 3 本見えることから，この部分を**複製フォーク**という（**図 3・3**）。

DNA ポリメラーゼは，DNA 鎖に対して単独では複製を開始することができない。複製の開始点には，プライマーゼとよばれる酵素によって，RNA プライマーとよばれる，鋳型 DNA と相補的な 5 ～ 60 ヌクレオチドの RNA が合成される。DNA ポリメラーゼはこの RNA プライマーから DNA を伸長していく。リーディング鎖の伸長には 1 個の RNA プライマーですむが，ラギング鎖では岡崎フラグメントごとに RNA プライマーが必要となる。この場合，DNA の伸長が進行して，複製の開始に用いられた隣の RNA プライマーのところまでくると，役目を終えた RNA プライマーは分解されて，

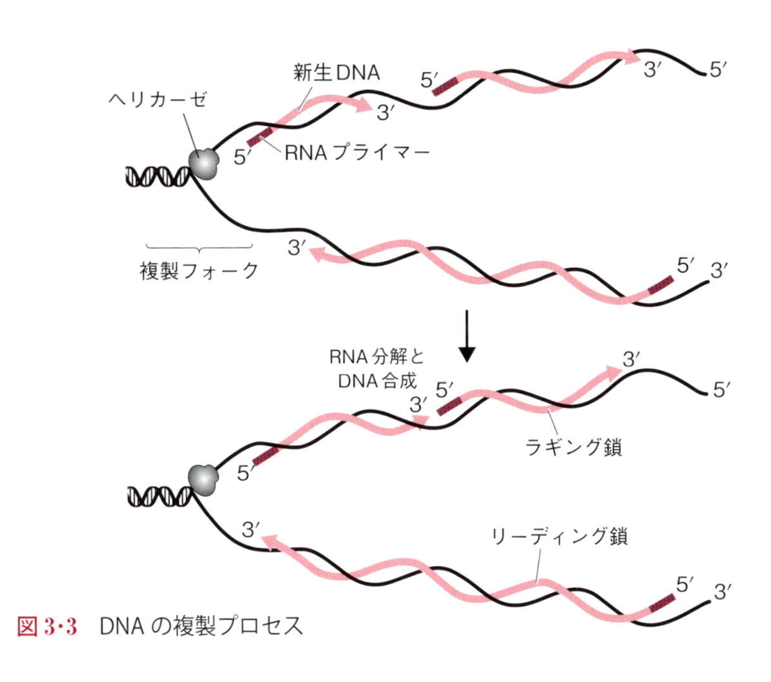

図 3・3 DNA の複製プロセス

3章 遺伝情報の複製と発現

相補的な DNA 鎖
complementary DNA strand

その跡に**相補的な DNA 鎖**が合成される。最後に DNA リガーゼによって隣接する岡崎フラグメントどうしがつなげられる（図 3・3）。

DNA ポリメラーゼによる複製反応はきわめて正確であり，誤ったヌクレオチドをつなげてしまう頻度は 10^{-6} ～ 10^{-4} 程度とされている。これは，DNA ポリメラーゼは 3′ → 5′ エキソヌクレアーゼ活性（DNA 鎖を 3′ 末端から 5′ 末端の方向に分解する活性）をもっていて，これにより誤って結合したヌクレオチドを除去して，正しいヌクレオチドにつなぎ換える「校正」が行われるからである。たとえここで誤りが見逃されたとしても，さらに塩基対のミスマッチを検出して，誤ったヌクレオチドを切り取って正しいものに置き換えるミスマッチ修復機構で修復される。これらの修復系は複数あり，最終的な複製の誤りの頻度は 10^{-11} ～ 10^{-10} 程度ときわめて低い。

コラム 3・1 「母細胞（ぼさいぼう）」と「娘細胞（むすめさいぼう）」

どうして「父細胞」や「息子細胞」とは言わないのか，と疑問を持つ方もいるだろう。親となる細胞は分裂して（あるいは出芽という形式もある）子となる細胞をなすわけだが，その生まれてきた子となる細胞は成長するとやがて親細胞となる。子となる細胞が娘細胞の場合，これが成長すると母細胞となり，また子となる細胞をなすことができる。しかし，子となる細胞が息子細胞の場合だと，成長すると母細胞ではなく父細胞となるわけで……これは子をなすことができないように思える。このようなささやかな理由からのよび方なのである。

3･1･2　DNA の修復

遺伝情報である DNA は，複製ミスに加えて太陽光に含まれる**紫外線**や環境中の化学物質，そして自然界の**放射線**などにより損傷を受け，常に変化している（**図 3･4**）。たとえば，DNA の塩基配列中でチミンが隣同士に二つ並ぶところが紫外線を浴びると，チミン間で架橋した二量体（チミンダイマー）が形成されてしまう。チミン二量体が形成されてしまった部分では複製が停止し，また，転写（次項参照）の過程で障害が起こる。あるいは亜硝酸が存在すると，アデニン，グアニン，シトシンを脱アミノ化してしまい，この部分では正常な塩基対を形成できなくなる。さらに，エネルギーの高い放射線は DNA 二本鎖を切断してしまう。

生物には，このような DNA の損傷を修復するためのしくみが備わっている。主な修復方法として次のようなものが知られている。

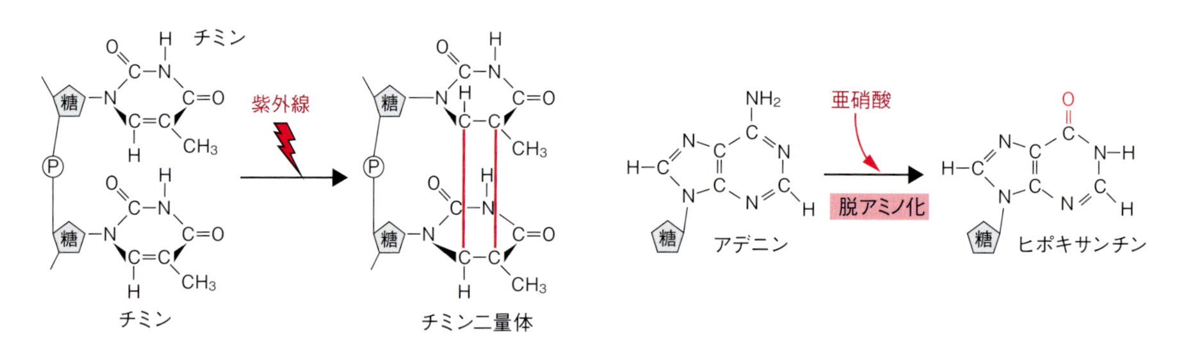

図 3･4　DNA 損傷の例

塩基除去修復
base excision repair

① 塩基除去修復

DNA グリコシラーゼという酵素が，損傷のある塩基の部分を糖から切断し，その塩基が除去された部分はエンドヌクレアーゼによって DNA 二本鎖から除去され，その後，間隙部分が DNA ポリメラーゼにより正しく埋められて修復される（**図 3･5a**）。

ヌクレオチド除去修復　nucleotide excision repair

② ヌクレオチド除去修復

構造的なゆがみから DNA の損傷部位が検出され，その箇所の周辺領域も含めてエンドヌクレアーゼにより切除され，その後，その間隙領域は残っている相補鎖を鋳型として DNA ポリメラーゼにより正しいものに埋められて修復される（**図 3･5b**）。

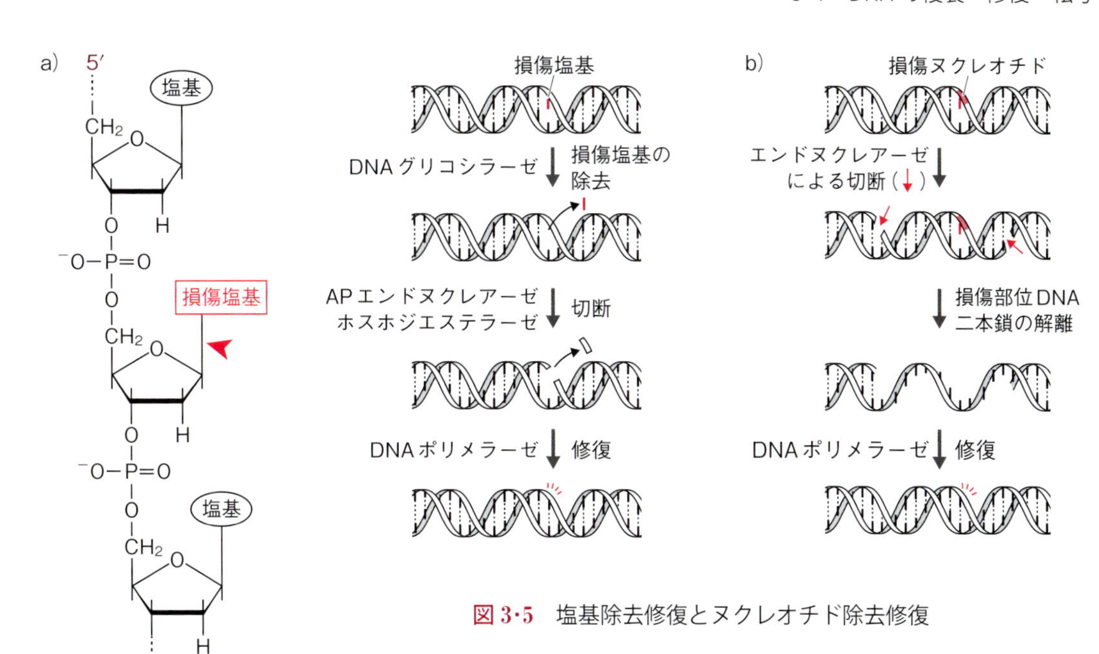

図3·5　塩基除去修復とヌクレオチド除去修復

③ 組換え修復

組換え修復 recombinational repair

相同染色体 homologous chromosomes

真核生物をつくる体細胞には，通常，同種の染色体が一対ずつあり，これらを**相同染色体**という。二本鎖が切断を受けてしまった場合は，この相同染色体の配列の情報が利用される。切断を受けた末端部分が切断を受けていない相同の配列部位に交叉・進入し，その相同配列が切断部位と対合することによりDNAの合成が行われ，ふたたび二つの二本鎖に分かれることで修復される（**図3·6**）。相同染色体の2本では，遺伝子が共通であるところは多いものの，まったく同じというわけではないのだが，背に腹はかえられない。

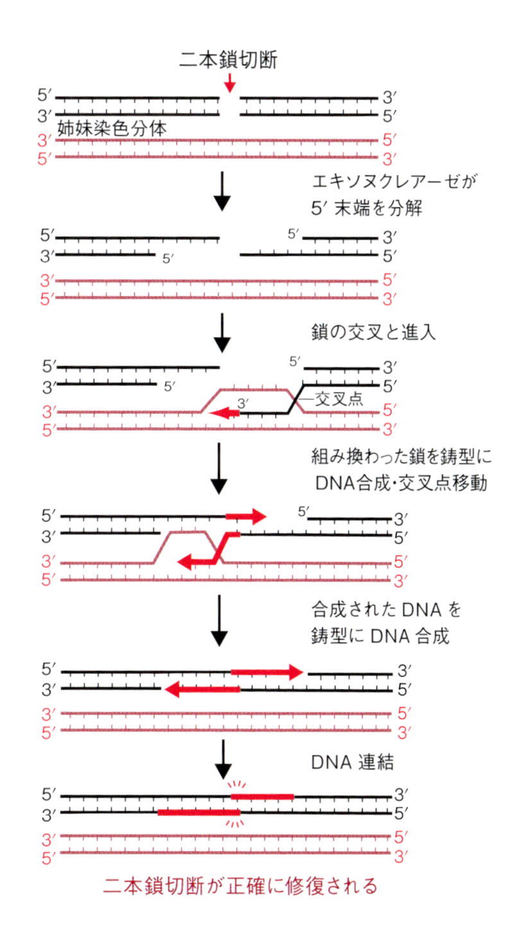

図3·6　組換え修復（赤坂，2017より改変）

コラム3·2　エンド型酵素とエキソ型酵素

タンパク質，核酸，多糖（デンプンやセルロースなど）など，生体高分子には鎖状のものが多くみられる。これらを分解する酵素は，エンド型とエキソ型に分類される。これは分解のしかたを表していて，たとえば，エンドヌクレアーゼは，DNA／RNA鎖の内部，すなわち鎖を途中で切断するのに対して，エキソヌクレアーゼは，DNA／RNA鎖の5′あるいは3′末端から順にヌクレオチドを遊離させていく。

エンドというと，end，つまり端（はじ）のように感じてしまうかもしれないが，これは英語のendではなくギリシア語に由来する接頭語で，エンド（endo）は「内，内部」，エキソ（exo）は「外，外部」を意味する。

タンパク質を分解する酵素にもエンドペプチダーゼとエキソペプチダーゼの2種類があり，また多糖を分解する酵素にもエンド型とエキソ型のものがある。

ところで，二つのアミノ酸からなるジペプチド，二つのヌクレオチドからなるジヌクレオチド，二つの糖からなる二糖類を分解する酵素はエンド型とエキソ型のどちらなのだろうか？

3·1·3　DNAの転写

転写　transcription

ピロリン酸
pyrophosphate

DNAの二本鎖のうち，片側の鎖（**アンチセンス鎖**という）を鋳型として相補的なRNAが合成されることを**転写**という。このとき，DNAのチミン（T）は，RNAではウラシル（U）に置き換えられる。RNAの合成はRNAポリメラーゼという酵素によって行われ，鋳型となるDNAに相補的な塩基対ができるように一つ一つヌクレオチドがつなげられる。RNAポリメラーゼは，リボヌクレオシド三リン酸（NTP）を基質として，NTPから**ピロリン酸**が外れるときに生じるエネルギーを利用して，DNAの合成と同じように5′→3′の方向にヌクレオチドを連結していく（**図3·7**）。

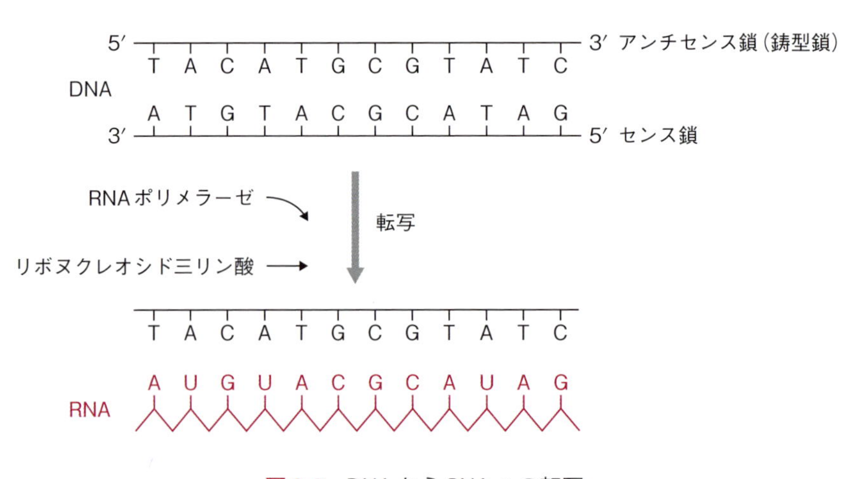

図3·7　DNAからRNAへの転写

転写終結点
transcription termination point

DNA の配列の全域がそっくりそのまま RNA へと転写されるわけではなく，その一部の領域のみが転写される。その転写を開始する位置を指定しているのが**プロモーター**という配列である。DNA 上で転写が開始される点を**転写開始点**といい，転写が終わる点を**転写終結点**という。この転写開始点の少し上流にプロモーター配列があり，この配列を認識して RNA ポリメラーゼが結合して転写が開始される。結合した RNA ポリメラーゼによって DNA の二本鎖が開かれ，3′ から 5′ の方向へ向かう DNA 鎖が**鋳型鎖**（**アンチセンス鎖**）となり，RNA 鎖が 5′ から 3′ の方向へ向かって合成される（**図 3･8**）。DNA の二本鎖のうち，どちらを鋳型鎖とするかは遺伝子によって異なり，プロモーター配列に引き続く 3′ から 5′ の方向に伸びる方の DNA 鎖が鋳型鎖となる。

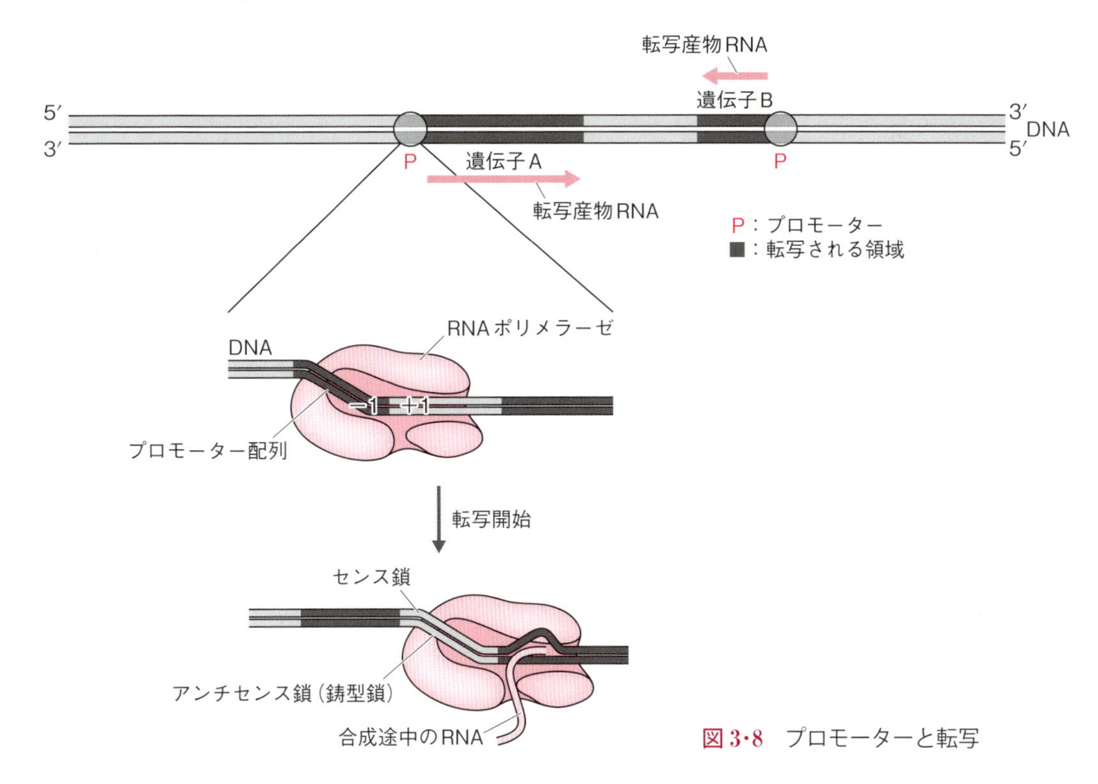

図 3･8　プロモーターと転写

転写されたほとんどの RNA は，そのままでは完成品とはならず，さまざまな加工を受ける。たとえば，多くの RNA は余分な配列がついた前駆体として合成され，適切な切断や再結合を受けて機能をもった RNA 分子となる。また，rRNA や tRNA は，RNA 鎖に転写された後に，一部の塩基がメチル化などの化学修飾を受ける。このような転写後の一連の過程を**プロセシング**という。

真核生物のDNAには，最終的にmRNAとなる遺伝情報を含んだ**エキソン**という部分と，mRNAにならない**イントロン**という部分がある。通常，鋳型となるDNAからは，イントロン部分も含んだmRNA前駆体として転写されてくるが，ここからイントロン部分が除去されて，エキソン部分のみが連結される**スプライシング**とよばれるプロセシングを受けてmRNAとなる（**図3･9**）。このとき先に述べたように5′末端にキャップ構造が，3′末端にポリA鎖が付加される（これもプロセシングである）。

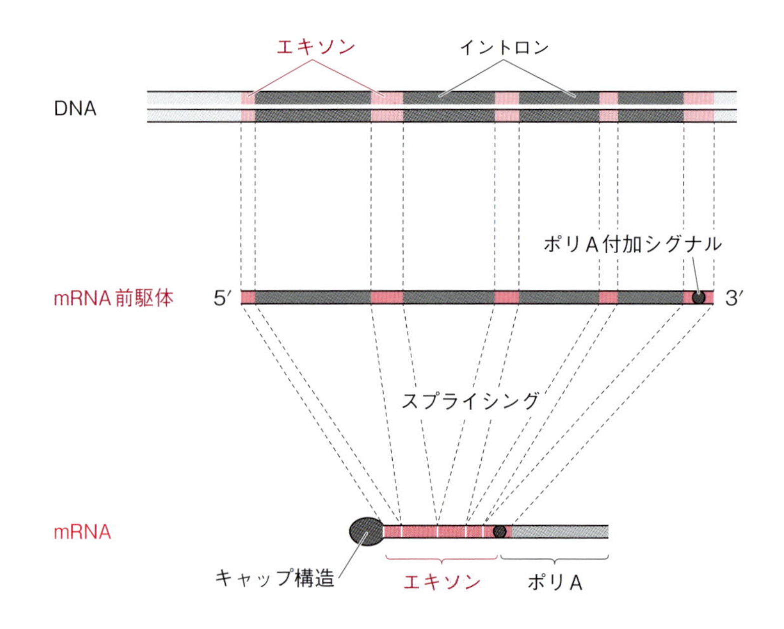

図3･9　真核生物におけるmRNAのスプライシング
（丸山・松岡，2013より改変）

3･2　遺伝暗号とタンパク質合成

前節で述べたように，細胞の中で厳密に保持，複製されたDNAの塩基配列は，これを鋳型としていったんmRNAに転写される。このmRNAの塩基配列が，同じRNAを中心とする分子装置群により読み取られてタンパク質が合成される。

この節では，DNAの塩基配列の情報（遺伝暗号）から，どのようなプロセスを経てタンパク質が合成されるのかについて述べる。

3・2・1　遺伝暗号

遺伝暗号　genetic code

翻訳　translation

DNA に書き込まれている遺伝情報は大まかにいって，タンパク質の情報をコードしている部分と，そのタンパク質の情報の発現を制御している部分からなっている。タンパク質の情報とは，そのタンパク質のアミノ酸の並び順（一次構造）の情報であり，これは DNA の配列を鋳型として転写される mRNA の塩基配列中に遺伝暗号として書き込まれている。**遺伝暗号**とは，**コドン**とよばれる特定の三つの塩基の配列が一つのアミノ酸を指定するコードのことである。このように，核酸の塩基配列の情報が，タンパク質のアミノ酸配列の情報に読み替えられることから，タンパク質合成のことを**翻訳**という。

第2

第1（5′末端）	U	C	A	G	第3（3′末端）
U	UUU ⎤ Phe UUC ⎦ UUA ⎤ Leu UUG ⎦	UCU ⎤ UCC ⎥ Ser UCA ⎥ UCG ⎦	UAU ⎤ Tyr UAC ⎦ **UAA** 終止 **UAG** 終止	UGU ⎤ Cys UGC ⎦ **UGA** 終止 UGG Trp	U C A G
C	CUU ⎤ CUC ⎥ Leu CUA ⎥ CUG ⎦	CCU ⎤ CCC ⎥ Pro CCA ⎥ CCG ⎦	CAU ⎤ His CAC ⎦ CAA ⎤ Gln CAG ⎦	CGU ⎤ CGC ⎥ Arg CGA ⎥ CGG ⎦	U C A G
A	AUU ⎤ AUC ⎥ Ile AUA ⎦ **AUG** Met（開始）	ACU ⎤ ACC ⎥ Thr ACA ⎥ ACG ⎦	AAU ⎤ Asn AAC ⎦ AAA ⎤ Lys AAG ⎦	AGU ⎤ Ser AGC ⎦ AGA ⎤ Arg AGG ⎦	U C A G
G	GUU ⎤ GUC ⎥ Val GUA ⎥ GUG ⎦	GCU ⎤ GCC ⎥ Ala GCA ⎥ GCG ⎦	GAU ⎤ Asp GAC ⎦ GAA ⎤ Glu GAG ⎦	GGU ⎤ GGC ⎥ Gly GGA ⎥ GGG ⎦	U C A G

図 3・10　遺伝暗号表

DNA あるいは RNA には，それぞれ 4 種類の塩基が使われているので，三つの塩基からなるコドンは，4 × 4 × 4 ＝ 64 種のコドンを規定できる。このうち，61 種のコドンが 20 種類の標準アミノ酸のいずれかに割り当てられ，残りの 3 種のコドンは**終止コドン**（UAA，UAG，UGA）といって，ポリペプチド鎖合成の終了を示すコードに割り当てられている（**図 3・10**）。一つのアミノ酸に対して複数のコドンが割り当てられている場合があるが，それぞれのコドンが使用される頻度は生物種によって偏りがある。これを**コドンバイアス**という。

コラム3·3　タンパク質が出現する確率

「無限のサル定理」というのがあって，これはサルがタイプライターをランダムに打ち続けると，やがてシェークスピアの作品の文字列を打ち出す，という定理である。この定理は，確率がゼロでない事象というのは，無限に長い時間をかければ必ず起こりうる，ということを言っている。本当だろうか？

宇宙が始まって138億年が経つとされているが，計算の都合上，仮に300億年だとすると，これは10の18乗秒ということになる。また，宇宙に存在するすべての粒子を合計すると，その数は10の80乗個くらいと推定されていて，これらの粒子が仮に1秒あたり1兆回（つまり10の12乗回）の試行が可能だとすると，この宇宙が始まって以来起こった事象の総数は，10の110乗ということになる。

ここで，100個のアミノ酸からなるタンパク質を考えてみる。20種類のアミノ酸が100個連結する組み合わせは20の100乗，すなわち10の130乗通りのアミノ酸配列が可能である。この組み合わせのうち，仮に10の19乗（1兆の1000万倍）種類のものがなんらかの機能をもつとしても，それが出現する可能性は，10の111乗に1個の確率となる。つまり，この宇宙にはかなり好意的に見積もったとしても，ちゃんと機能をもったアミノ酸100個からなるタンパク質が出現するための材料も時間もないことになる。

「無限のサル定理」は，恐らく数学的には正しいのだろうが，宇宙が誕生してから現在に至るまでの時間は明らかに有限であり，「無限に長い時間」という設定はファンタジーといえる。つまり，この定理は，世の中には確率がゼロでなくても起こり得ないことはある，ということを逆説的に言い表していると捉えることもできる。実際，統計学では，確率が10の50乗分の1よりも低い事象は，起こりえない事象と見なされる。

ということで，タンパク質というのは，まったくの無作為な試行から偶然出現してきたものではないといえる。

また，タンパク質の翻訳は必ず**開始コドン**（AUG）から始まり，このコドンに対応するのはメチオニンであることから，タンパク質の合成（つまりアミノ酸の連結反応）は常にメチオニンからはじまる。ただし，真正細菌では開始コドンAUGに対応してメチオニンのアミノ基にホルミル基が付加された*N*-ホルミルメチオニン（fMetと表記される）が用いられる。

遺伝暗号は，ごく一部の例外を除いて，全生物で共通のものが使われている。このことが，現在地球上にいるすべての生物は一つの共通祖先から進化してきたとする説の根拠の一つとなっている。

3·2·2　タンパク質合成（翻訳）のしくみ

mRNAの翻訳，つまりタンパク質の合成は**リボソーム**で行われる。原核生物，真核生物にかかわらず，リボソームは大サブユニットと小サブユニットがそれぞれ一つずつ会合したもので，どちらのサブユニットも，rRNAと多くの種類のタンパク質からなる複合体である（**2·4·2 項** 参照）。

転写された mRNA はリボソームに結合し，そこで mRNA に書き込まれたコドンが指定するアミノ酸が，タンパク質の N 末端側からペプチド結合によりつなげられていく。このとき，リボソームにアミノ酸を運んでくるのがアミノアシル tRNA である（**2·4·2 項** 参照）。tRNA は，mRNA 上のコドンを認識して相補的に結合する**アンチコドン**という配列を含んでいる。このアンチコドンに対応したアミノ酸が，アミノアシル tRNA 合成酵素により tRNA の 3′ 末端に結合したものがアミノアシル tRNA である（**図 3·11**）。tRNA に誤ったアミノ酸が付加されてしまうと，翻訳に誤りが生じてしまうため，正しく tRNA にアミノ酸が付加されたのかを確認するための複数のチェック機構が備わっている。

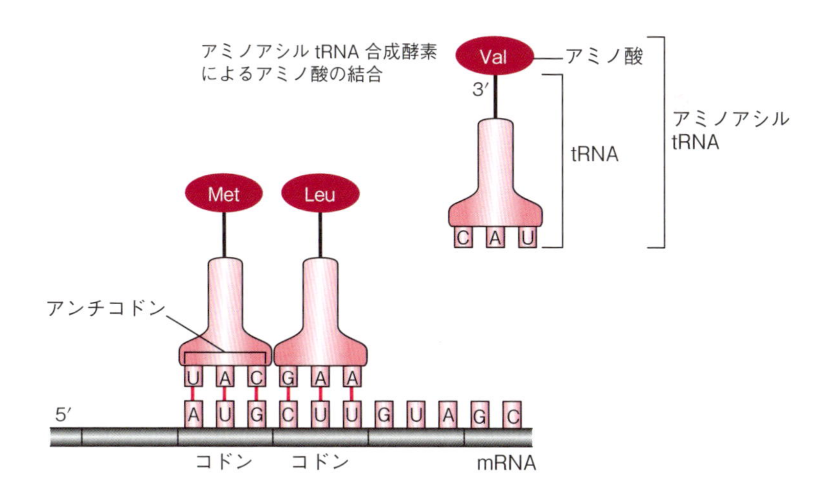

図 3·11　mRNA の翻訳とコドン

開始因子
initiation factor

翻訳の開始は，**開始因子**とよばれる調節タンパク質など多くの因子が関与して，細胞内の環境なども反映させながら誘導され，mRNA の開始コドンからはじめられる。リボソームには，tRNA，あるいはアミノアシル tRNA が入る部位が三つ（P 部位，A 部位，E 部位）あり，次のようなプロセスをくり返すことによりアミノ酸が連結されていく（**図 3·12**）。

(1) 合成途上のポリペプチド（合成開始時はメチオニン）を結合した tRNA が P 部位に納まっている。

(2) 次に結合するアミノ酸を結合したアミノアシル tRNA が隣接する A 部位に運ばれてくる。

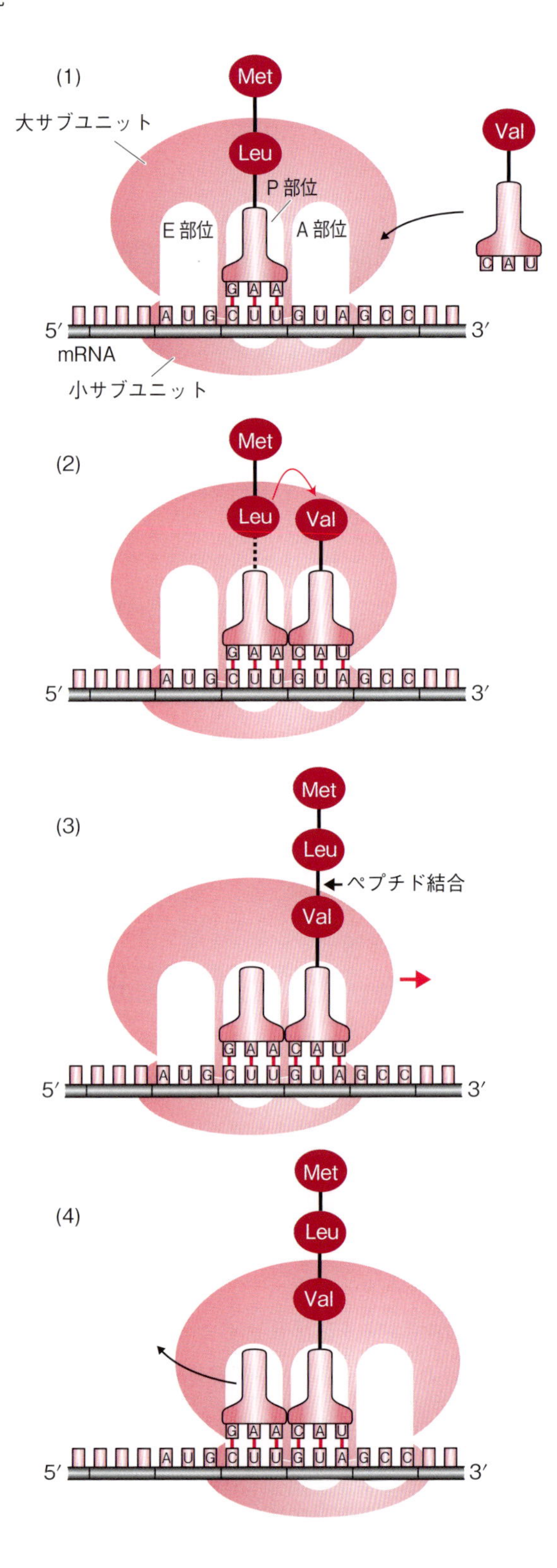

図 3・12　リボソームにおける翻訳

(3) すると，P 部位のポリペプチド部分が A 部位のアミノ酸部分に転移し，ポリペプチドの C 末端にペプチド結合により新たなアミノ酸が付加される。

(4) ポリペプチドを離した P 部位の tRNA は隣接する E 部位へ移動し，新たにアミノ酸 1 個が付加されたポリペプチドを結合した A 部位の tRNA は，P 部位へと移動する。

終結因子
termination factor

最後のアミノ酸が付加され，終止コドンでは，ここに**終結因子**とよばれるものが結合することにより，合成を終えたポリペプチド部分が tRNA から切り離されてリボソームから遊離する。これらの過程において，ペプチド結合を一つ形成するのに 2 分子の GTP が消費され，合成されたポリペプチドが遊離するときにさらに 1 分子の GTP が消費される。

分子シャペロン
molecular chaperone

リボソームから遊離したポリペプチドは，適切な高次構造に折りたたまれることにより，機能をもったタンパク質となる。このことを**タンパク質の折りたたみ（フォールディング）**という。新生ポリペプチドは，自発的に折りたたまれて完成品となる場合もあるが，**分子シャペロン**という一群のタンパク質の助けを借りないと正しくフォールディングできないタンパク質も多く知られている（**図 3·13**）。「シャペロン」というのは，貴族の令嬢が社交界にデビューする際に，付きそって介添えする歳上の女性のことだが，これが転じて，新生ポリペプチドが不適切に折りたたまれるのを防いで，正しいフォールディングを介添えする分子のシャペロンということで分子シャペロンと命名された。分子シャペロンは，新生ポリペプチドの折りたたみを介添えするだけでなく，完成品となったタンパク質のうち，何らかの理由で高次構造が壊れてしまったタンパク質の修復も行う。

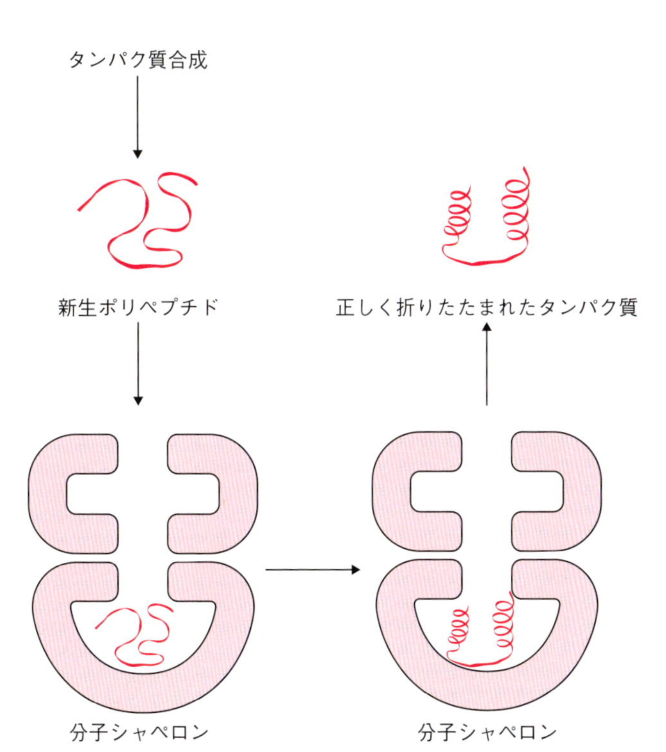

図 3·13　分子シャペロンによるタンパク質のフォールディング

遺伝子が決めているのはタンパク質の一次構造である。一次構造としてタンパク質が合成された後，高次構造はどのように形成されるのだろうか？　一次構造から二次構造はある程度自発的に形成されると考えられているが，三次構造以上の高次構造の形成には，多くの場合，それを介添えする分子シャペロンが存在する。

3・2・3　タンパク質の翻訳後修飾

リボソームで合成途上，あるいは合成後のポリペプチド鎖に対して，そこに含まれるアミノ酸残基がさまざまな分子と共有結合したり，化学的性質が変換されたり，あるいは，ポリペプチド鎖が特定の位置で切断を受けることなどを**翻訳後修飾**という。

翻訳後修飾
post-translational modification

たとえば，真正細菌においてタンパク質合成の開始残基として用いられる*N*-ホルミルメチオニンは，多くの場合，タンパク質の合成が完了した後に，酵素によってホルミル基が除去（脱ホルミル化）される。また，原核生物，真核生物に関わらず，開始メチオニン自体がタンパク質合成後に酵素的に除去される場合も多い。

ポリペプチド鎖が切断を受ける例としては，たとえば，真核細胞のリソソームで機能するいくつかの分解酵素が挙げられる。これらの酵素はリボソームで余分なアミノ酸配列が付加された活性をもたない前駆体として合成されるが，リソソームまで運ばれたのち，そこでその余分な配列が切断を受けることによって成熟体となり分解活性を発揮できるようになる（活性化される），というような調節を受けている。

アミノ酸に共有結合される（＝修飾される）ものの例としては，メチル基，アセチル基，リン酸基のような小さなものから，ヌクレオチド，糖（あるいは糖鎖），脂質（**4・2節**の脂質結合型膜タンパク質を参照），さらには別のタンパク質が結合する場合などがある。これらの修飾はタンパク質中の決まった場所の決まったアミノ酸に対して起こり，可逆的なものも不可逆的なものもある。タンパク質の高次構造の形成に必要な，システイン残基間で形成されるジスルフィド結合の形成も翻訳後修飾の一つであり，この形成の手助けをするタンパク質も知られている。このような翻訳後修飾により，タンパク質は合成途上，あるいは合成後に動的にさまざまな調節がなされている。

リン酸化／脱リン酸化によるタンパク質の活性制御

数百種類以上あるとされている翻訳後修飾のうちで，タンパク質に可逆的な機能変化をもたらす重要なメカニズムの一つとして知られているのは，**タンパク質のリン酸化**である。このタンパク質リン酸化とは，タンパク質中の**セリン**，**スレオニン**，**チロシン**のヒドロキシ基に，プロテインキナーゼ（単

リン酸化
phosphorylation

にキナーゼとよばれることが多い）とよばれる酵素が作用して，ATP からリン酸基が一つ転移されてリン酸エステル結合が形成される化学修飾のことである（図 3·14）。

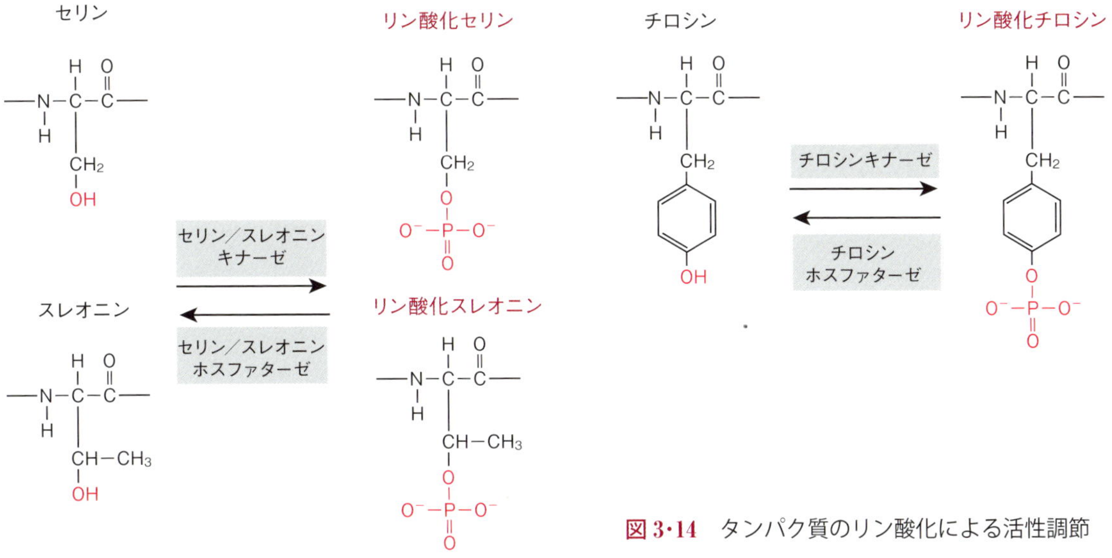

図 3·14　タンパク質のリン酸化による活性調節

コラム 3·4　エキソンシャッフリング

コラム 3·3 にみるように確率的に考えると，機能をもったタンパク質というのはまったくの偶然から出現したものではないようである。それでは，どのような必然があったのだろうか。

ほとんどの場合，一つのタンパク質は複数の機能的な単位構造からなり，それぞれに役割分担がある。その単位構造をドメインといい，一つのドメインはさらに数個〜十数個からなるモジュールに分割できる。モジュールとはタンパク質の構造単位で，平均 15 残基ほどのアミノ酸残基によってつくられるコンパクトな構造のことで，これがしばしば機能の単位にもなっている。そして，それぞれのモジュールをコードする遺伝子はエキソンに対応している場合が多い。つまり，エキソンが連なってタンパク質が生じており，イントロンはそれらを連結するのりしろの役割を果たしているといえる。

そののりしろのイントロン部分で DNA 組み換えが起こり，エキソン部分を混ぜ合わせる（シャッフルする）ことを，エキソンシャッフリングという。エキソンを組み合わせることは，すでになんらかの機能をもつことが約束されている単位構造を組み合わせることになり，まったく無作為にアミノ酸配列を組み合わせるよりも，新しい機能をもったタンパク質が出現する可能性がはるかに高い。

タンパク質の進化は，空を見上げていただけでたまたま降ってきたような幸運からではなく，かなり期待値の高い試行の中から生まれてきたものだといえる。タンパク質の進化を，まったくの無作為な突然変異のみに頼るのは，ただ空を見上げているだけなのと等しい。

どのタンパク質のどのアミノ酸残基をリン酸化するのかは，個々のプロテインキナーゼによって決まっている。リン酸基が付加された部位には大きな負電荷が与えられることになり，そのタンパク質の構造や機能を変化させる。このリン酸化は可逆的であり，結合したリン酸基がプロテインホスファターゼ（単にホスファターゼとよばれることが多い）の作用により除去され，元の状態に戻ることを**脱リン酸化**という。リン酸化を受けたタンパク質は「**活性型**」となり，脱リン酸化を受けることにより「**不活性型**」に戻る場合が多いものの，逆の場合もある。

脱リン酸化
dephosphorylation

活性型
active form

不活性型
inactive form

このように，リン酸化／脱リン酸化による翻訳後修飾は，酵素活性をはじめとするタンパク質の多様な機能について，オンとオフのそれぞれの状態に可逆的に変化させることができ，さまざまな場面で大きな役割を果たしている。

この章のまとめ

- 遺伝情報がDNA → mRNA →タンパク質という流れで発現する概念をセントラルドグマとよぶ。
- DNAの複製は親の二本鎖DNAを鋳型として使い，塩基対を形成させながらヌクレオチドをつなげて相補的な娘鎖を合成する。複製反応は，DNAポリメラーゼを中心とした多くの酵素が関わる複雑な反応である。
- DNAは紫外線や放射線などにより損傷を受ける。DNAの損傷修復には，塩基除去修復，ヌクレオチド除去修復，および組換え修復がある。
- DNAからの転写は，DNA二本鎖のうちの一方の鎖を鋳型鎖（アンチセンス鎖）とし，これをもとに塩基対ができるようにRNAポリメラーゼがヌクレオチドを重合させる。DNA二本鎖のうち，RNAの鋳型となる鎖に対する相補鎖をセンス鎖とよぶ。
- リボソーム上で，mRNAの塩基配列が構成するコドンの種類，順番に対応して，アミノ酸が重合しポリペプチドが合成される反応を翻訳とよぶ。
- 真核生物の遺伝子から転写されたmRNA前駆体には，アミノ酸配列に翻訳されないイントロン部分と，アミノ酸配列に翻訳されるエキソン部分が含まれる。スプライシング反応によりmRNA前駆体からイントロン部分が除去され，エキソン部分が結合したmRNAが完成し，これが翻訳の鋳型となる。
- リボソームで合成が完了したタンパク質の中には，翻訳後修飾を受けるものがある。

4章 生体膜の構造

生物をつくる細胞は，細胞の内側と外側とが生体膜で仕切られており，さらに真核細胞の場合は，細胞内にも生体膜で仕切られた複数の区画——細胞小器官（オルガネラ）をもつ。このような細胞の骨格ともいえる生体膜は，脂質分子がつくる脂質二重層とよばれる基本構造に，さまざまな機能をもった膜タンパク質が埋まったものであり，すべての生物がもつ共通した構造である。

生体膜は細胞内外，および細胞小器官内外を物理的に隔てる透過障壁の役割を担うが，必要な物質をやりとりするための「通路」を膜タンパク質がつくっている。また，この生体膜は単なる「仕切り」として機能するだけではなく，脂質二重層がもつ性質を，そこに埋まった膜タンパク質がうまく利用して，5·1·3 項で述べる高効率なエネルギー生産を実現している。

この章では細胞をつくる生体膜の基本構造と性質，そして生体膜に局在するさまざまな膜タンパク質の構造と，それらの膜タンパク質が生体膜に与えるいくつかの機能について述べる。

4·1 脂質二重層

脂質二重層
lipid bilayer

生体膜は，**脂質二重層**とよばれる基本構造からなる。脂質二重層を構成している主成分は**リン脂質**（グリセロリン脂質とスフィンゴリン脂質）と**ステロール**である。水溶液中に仕切りをつくる分子として，たとえば可溶性の分子では水溶液中に分散してしまうし，不溶性の分子だと凝集したり沈殿したりしてしまう。複合脂質（**2·2·3 項**）の一つであるリン脂質は，グリセロールがもつ三つのヒドロキシ基の二つに疎水性の脂肪酸が結合し，残りの一つにリン酸を介してさまざまな親水性の化合物が結合したものである。つまり，リン脂質は一つの分子内に水に溶けやすい親水性の部分（頭部）と，水に溶けにくい疎水性の部分（尾部）をあわせもった**両親媒性分子**であり，模式的に**図 4·1** のように描かれる。

両親媒性分子
amphiphilic molecule

このような分子が水中に多数あると，親水性の頭部を水の側に向け，疎水性の脂肪酸鎖どうしを内側に隠すように集合して，平板状の二重層——脂質

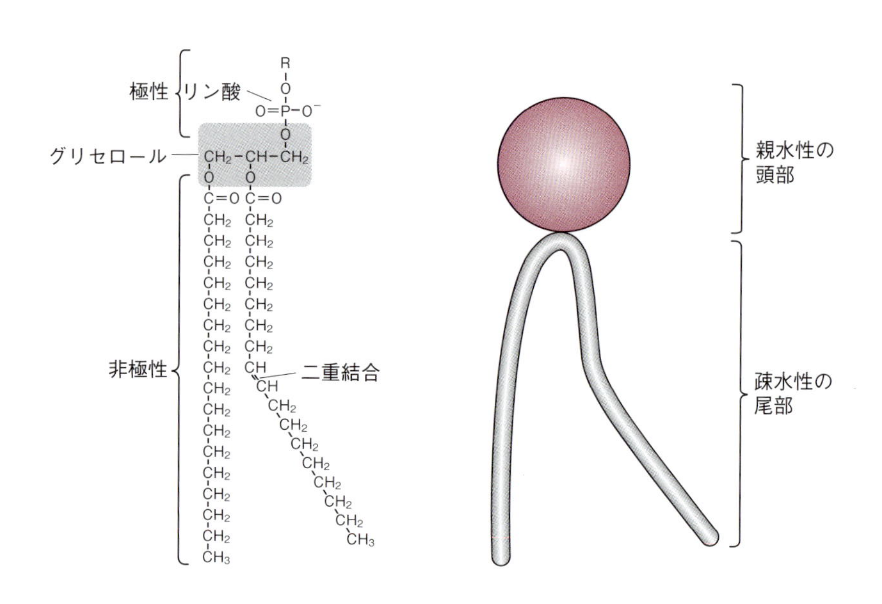

図 4·1　脂質二重層をつくるリン脂質分子

小胞　vesicle

二重層を形成する。さらに適当な条件が整えば，脂質二重層の端どうしがつながって閉じた系になり，**小胞**（ベシクル）をつくる。リン脂質のみで人工的に小胞をつくることができ，そのような人工ベシクルを**リポソーム**という（**図 4·2**）。

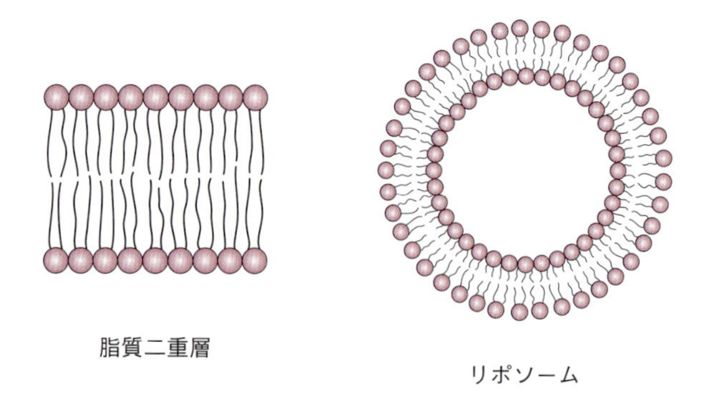

図 4·2　脂質二重層とリポソーム

この脂質二重層がつくる膜は，水分子は自由に通すものの，一部の分子を除いて，物質の自由な透過を制限している。つまり溶媒である水は通して，多くの溶質を通さない**半透膜**の性質をもつ。たとえば，ここまでに出て来た主な生体分子であるアミノ酸，ヌクレオチド，糖などはほとんど通すことができない。また，イオンは電荷を帯びているため，電気的に中性な性質をもつ脂肪酸鎖にはじかれて脂質二重層を通り抜けることができない（**図 4·3**）。

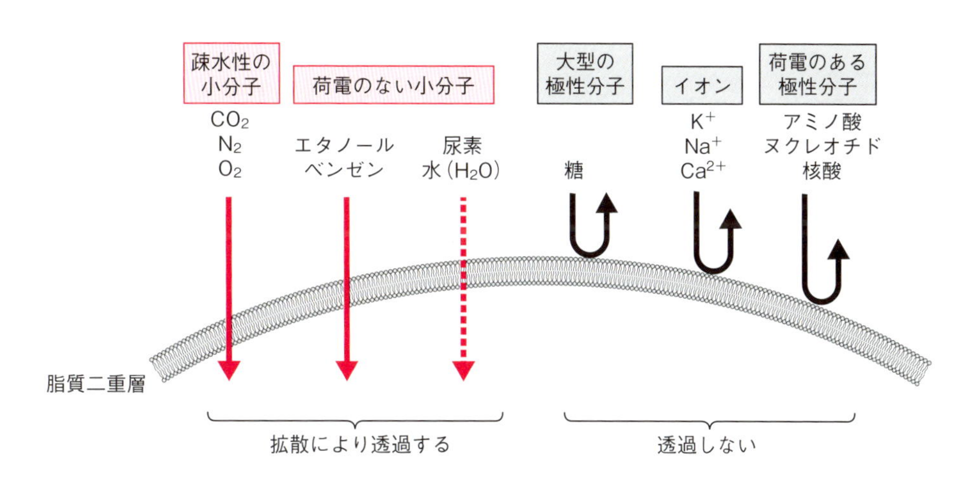

図 4·3　脂質二重層の透過性

側方拡散
lateral diffusion

リン脂質分子を脂質二重層の状態に集合させている力は，リン脂質の脂肪酸鎖どうしのファンデルワールス相互作用である。ファンデルワールス相互作用はきわめて弱い力のため，脂質二重層中の個々のリン脂質分子は，さまざまに動くことができる（熱運動）。たとえば，リン脂質分子はその場で回転したり屈曲したりする。さらに，リン脂質分子が脂質二重層の膜平面上を二次元的に動き回る**側方拡散**に加え，稀な動きとして脂質二重層の一方の面から反対側の面に移動する**フリップフロップ**（反転拡散）というものもある（**図 4·4**）。

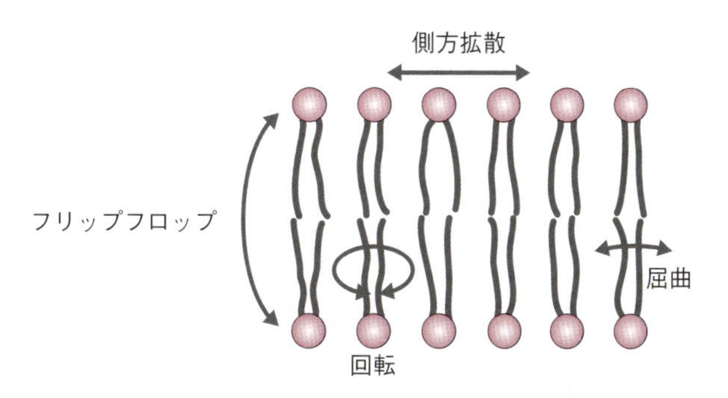

図 4·4　脂質二重層中のリン脂質分子の熱運動

飽和脂肪酸鎖
saturated fatty acid chain

不飽和脂肪酸鎖
unsaturated fatty acid chain

このようなリン脂質の動きは，リン脂質分子自身の構造に大きく依存する。たとえば，リン脂質の脂肪酸鎖が伸びた状態の**飽和脂肪酸鎖**を多く含むような脂質二重層では，リン脂質分子がよくそろって並び，分子間に隙間がなくなってファンデルワールス相互作用が増すため，リン脂質分子の動きが制限される。これに対して，脂肪酸鎖が曲がった構造をもつ**不飽和脂肪酸鎖**を多く含むような脂質二重層では，分子間に隙間ができてファンデルワールス相互作用が弱まり，リン脂質分子は膜内を比較的自由に動ける。このような個々のリン脂質の運動性の違いは，脂質二重層がつくる膜の流動性に大きく影響し，不飽和脂肪酸鎖の含有量が高いほど，また脂肪酸鎖の不飽和度が高いほど（二重結合の数が多いほど）膜の流動性が高くなる（**図 4･5**）。

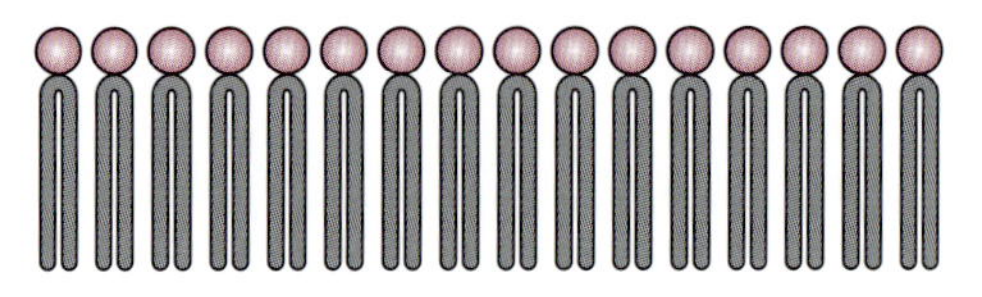

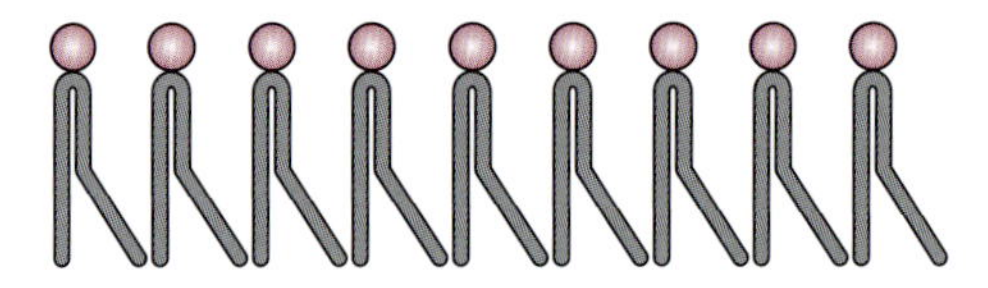

図 4･5　リン脂質の脂肪酸鎖が膜の流動性におよぼす影響

生体膜をつくる脂質二重層の主成分はリン脂質とステロールということだったが，この共存するステロールも膜の流動性に大きく影響する。たとえば，動物細胞の生体膜には，ステロールの一種である**コレステロール**が含まれている（植物や菌類にはそれぞれ別の種類のステロールが使われる）。コレステロールは，分子内に親水性のヒドロキシ基と，疎水性のステロイド骨格と炭化水素鎖をあわせもった両親媒性分子であり，模式的に**図 4･6** のように描かれる。これはつまりリン脂質と同じであり，同様に脂質二重層中に組み込まれる。

コレステロールが膜の流動性に与える影響は，共存するリン脂質の脂肪酸鎖の不飽和度により異なる。不飽和脂肪酸鎖を多く含む脂質二重層の場合，コレステロールが，不飽和脂肪酸鎖の曲がった構造がつくる隙間にちょうど入り込み，その結果，分子間に隙間がなくなってファンデルワールス相互作用が増すため，膜の流動性を下げる。逆に，飽和脂肪酸鎖を多く含む脂質二重層の場合，コレステロールが共存することにより分子間にスペースが生じてファンデルワールス相互作用が弱まり，膜の流動性を上げる（**図 4･6**）。

このような脂質二重層がもたらす生体膜の流動性は，生体膜の多様な機能に必須のものである。たとえば，生体膜に埋め込まれた膜タンパク質（次節

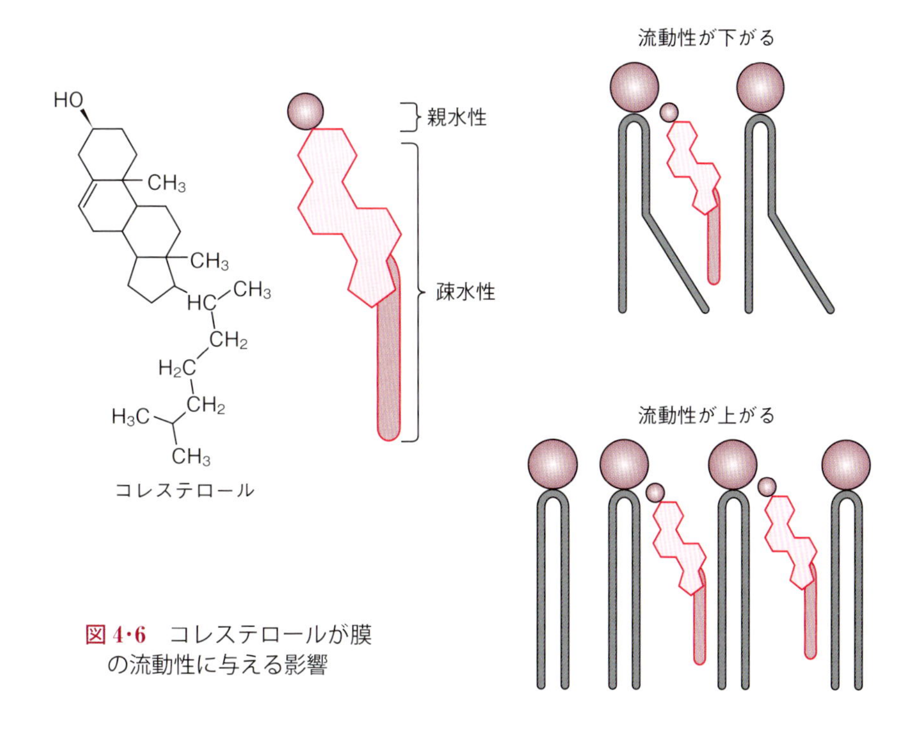

図 4･6　コレステロールが膜の流動性に与える影響

参照）が他の膜内因子と相互作用するためには膜の流動性が必須である。そのため，大腸菌のような原核生物や魚類などの変温動物には，生育環境の温度が変化すると，その温度に合わせて膜中の脂肪酸鎖の不飽和度を調節することにより膜の流動性を確保するしくみが備わっている。たとえば，最適温度よりも低い温度で培養した大腸菌の細胞膜は，より流動性が増すように不飽和脂肪酸鎖を含むリン脂質の含有率が高くなる。

4･2　膜タンパク質

膜タンパク質
membrane protein

生体膜に局在するタンパク質を**膜タンパク質**という。脂質二重層だけでは，水以外の多くの物質を透過させることができないため，生体膜には必要な物質を透過させるための通路をつくる膜タンパク質が埋め込まれている。このほか，膜の片側からの情報を反対側に伝達する役割の膜タンパク質，また，膜の表面に張り付いて脂質二重層の構造を物理的に補強する役割のものなど，さまざまな役割を担う膜タンパク質が知られており，遺伝子がコードするタンパク質のうち，約 3 割が膜タンパク質であると見積もられている。生体膜中におけるリン脂質と膜タンパク質との重量比は，1：4～4：1 と生体膜が使われている場所により幅がある。

膜内在性タンパク質
integral membrane protein

膜表在性タンパク質
peripheral membrane protein

膜タンパク質はさまざまな形態で脂質二重層に局在しており，**膜内在性タンパク質**と**膜表在性タンパク質**の二つに大別される（**図 4･7**）。

膜内在性タンパク質のうち，脂質二重層を貫通する領域をもつものを**膜貫通タンパク質**という。膜を貫通する領域は，疎水性のアミノ酸残基が並んでαヘリックスをつくり，膜平面に対して垂直に貫通するもの（**膜貫通ヘリックス**という）が多い。膜を一回だけ貫通するものや，複数回貫通するものがある。

あるいは，**βバレル**という，βシートがつながって円筒状の構造をつくり，疎水性のアミノ酸残基を円筒の外に，親水性残基を円筒の内側に向けて膜を貫通するものもある。膜貫通タンパク質には，ある特定の物質が生体膜を透過するための通路を形成するものがある。また，疎水性のアミノ酸からなるαヘリックスが，脂質二重層の片側の層だけに，膜平面に対して平行に埋まったタイプのものもある（単層連結型）。

一方，膜表在性タンパク質は，タンパク質の一部に脂肪酸を共有結合し，その脂肪酸を脂質二重層に挿入した脂質結合型や，膜内在性タンパク質が膜表面に露出している部分と結合している膜タンパク質結合型のもの，あるいは，膜中の特定のリン脂質と結合して生体膜の表面に結合している膜表在型のものもある。

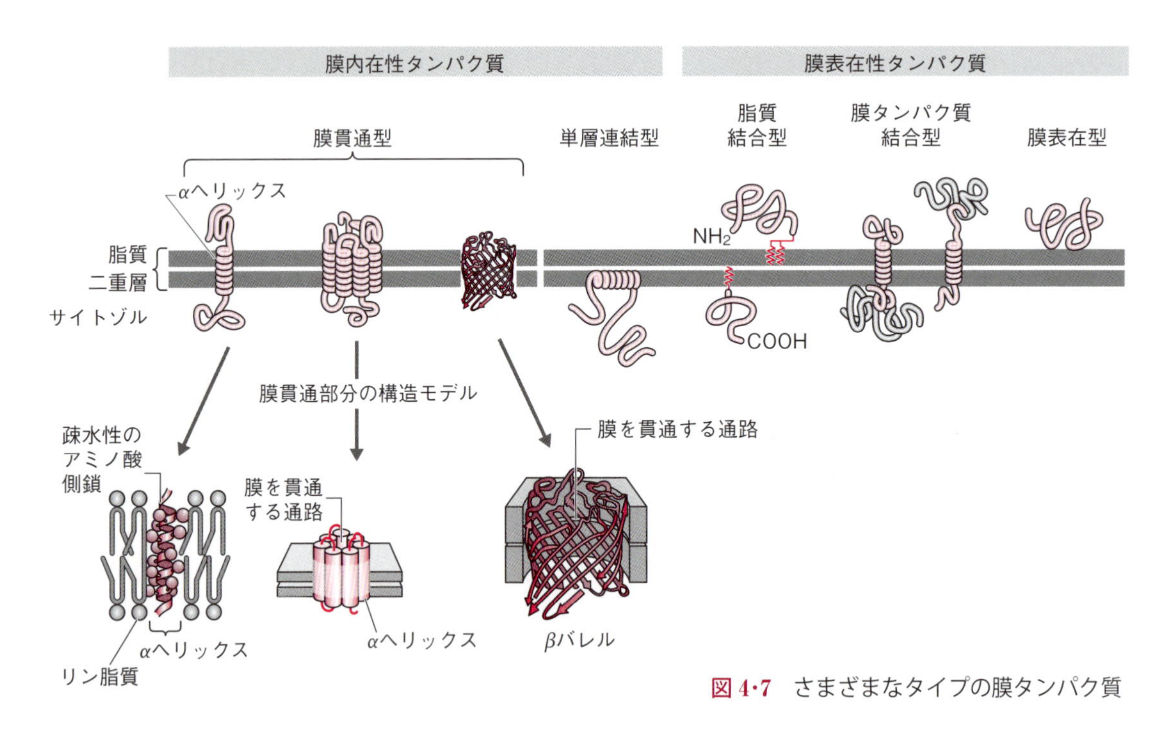

図 4･7　さまざまなタイプの膜タンパク質

1972年にシンガー（S.J. Singer）とニコルソン（G.L. Nicolson）は，膜内在性タンパク質は，あたかも脂質二重層の海に浮かぶ氷山のように，側方拡散により自由に動き回っているという「**流動モザイクモデル**」を提唱し，今日ではこれが正しいことが実験的に証明されている。**4・1節**で述べたように，生体膜中の脂質分子もかなり速く膜平面内を動き回っており，膜タンパク質が膜平面内を拡散する速度にくらべて1桁ほど速い。ただし，すべての膜タンパク質や脂質分子が生体膜中を動き回っているわけではなく，たとえば膜構造を補強する役割の裏打ちタンパク質などに結合して，膜の特定の領域に固定されているものもある。

流動モザイクモデル
fluid mosaic model

4・3　膜ミクロドメイン

生体膜中における脂質分子や膜タンパク質の分布は，膜平面内で均一というわけではなく，特定の種類の脂質分子や膜タンパク質からなる微小領域（**ミクロドメイン**）が多数存在している。たとえば，動物細胞の細胞膜には，スフィンゴ脂質とコレステロールに富む微小領域が見られる。脂質二重層をつくる脂質分子には，**グリセロ脂質**と**スフィンゴ脂質**があるが，両者の構造を並べてくらべてみると，グリセロ脂質は2本の脂肪酸鎖のうちの1本は二重結合を一つ以上含んだ不飽和脂肪酸鎖であるのに対して，スフィンゴ脂質には不飽和脂肪酸鎖は含まれず，代わりに長鎖の飽和脂肪酸鎖をもつ。そのため，グリセロ脂質は脂肪酸鎖どうしの接触が限定される（つまり流動性が高い）のに対して，スフィンゴ脂質は飽和脂肪酸鎖どうしの密な接触により安定化される（つまり流動性が低い）。さらに，スフィンゴ脂質はその分子内に水素結合の供与体（-OH, -NH）と受容体（=O）をもつため，スフィンゴ脂質どうしは膜平面内で水素結合を形成して会合しやすい性質をもつ（**図4・8**）。

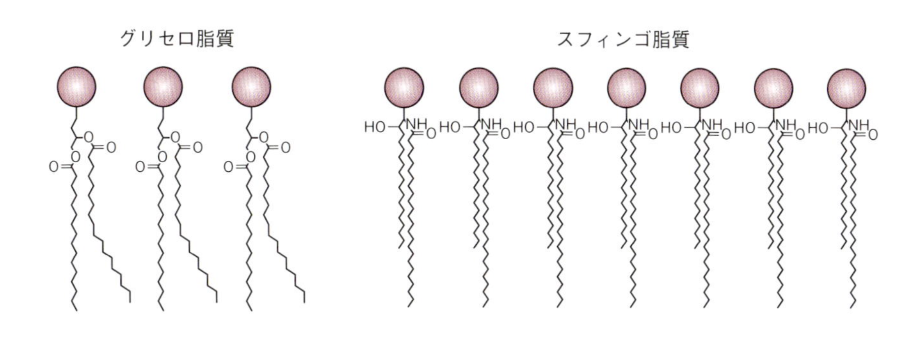

図4・8　グリセロ脂質とスフィンゴ脂質の違い

脂質ラフト
lipid raft

また，コレステロールはスフィンゴ脂質と親和性が高いため，固く会合したスフィンゴ脂質間に入り込み，この領域に多少の流動性を与えている。このような，スフィンゴ脂質とコレステロールに富む脂質ドメインは「細胞膜という海に浮かぶラフト（筏（いかだ））」にたとえられて**脂質ラフト**，あるいは単にラフトとよばれている（**図4･9**）。

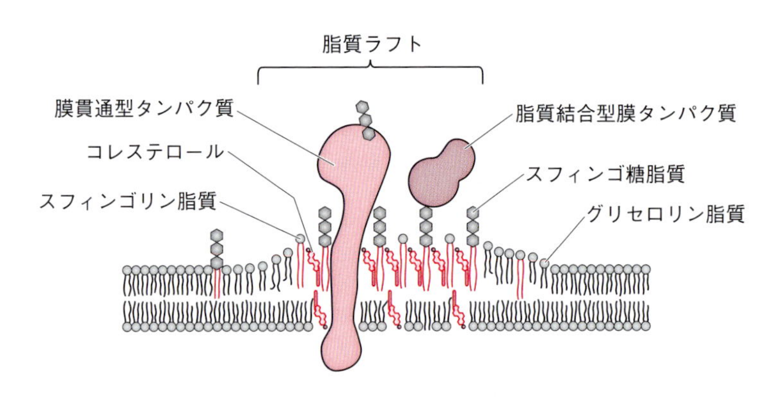

図4･9　脂質ラフトの模式図

脂質ラフトは，一般には直径が数十 nm 程度の不定形で，ここに多く含まれるスフィンゴ脂質の構造から，周囲のグリセロ脂質に富む部分よりも膜が厚くなっており，流動性が低い。しかし，脂質ラフトの構造は動的であり，そこに含まれるタンパク質や脂質は周囲の膜成分と次々に入れ替わって，形や大きさを含めて常に集合状態を変化させている。脂質ラフトには，ある種の脂質結合型の膜タンパク質が濃縮されており，その多くがシグナル伝達に関与することが知られている。そのため，脂質ラフトのダイナミックな構造変化がシグナル伝達に重要な意味を持つことが示唆されているものの，詳細な役割についてはまだよくわかっていない。脂質ラフトに膜貫通タンパク質が局在する場合，その膜貫通ヘリックスは通常のものよりも長い方が安定であるが，事実，脂質ラフトが存在する細胞膜の膜貫通タンパク質の膜貫通ヘリックスは，ほかの細胞小器官の膜に局在するものよりも長い傾向がある。

4･4　膜輸送

脂質二重層は水以外の多くの物質を通さない透過障壁として機能する。ところが細胞は，自身を取り囲む環境から細胞膜を介して，必要な物質を出入りさせる必要がある。さらに真核細胞の場合は，細胞内の細胞小器官をつくる膜も物質を出入りさせる必要がある。そのため生体膜は，脂質二重層を横切って特定の物質を移動させるための孔を多数もっており，このような孔を介した輸送を**膜輸送**という。本節では生体膜を介した膜輸送について，その種類と原理について述べる。

膜輸送 membrane transport

4·4·1 膜輸送タンパク質

脂質二重層には，そこを物質が横切って輸送されるためのタンパク質でできた通路が用意されており，これを**膜輸送タンパク質**（膜輸送体ともいう）という。膜輸送タンパク質は，その輸送の方式から**チャネルタンパク質**と**キャリアタンパク質**（運搬体タンパク質）の2種類に分類され，たとえばヒトには1000種以上もの膜輸送タンパク質が見つかっている。

膜輸送タンパク質 membrane transport protein，あるいは単に transporter ともいう

いずれのタイプの膜輸送タンパク質も，大まかな構造として図4·10に示すような複数の膜貫通ヘリックスが親水性の残基を内側に向けるように束になり，特定の物質が脂質二重層を横切って通り抜けるための通路を形成しているものが多い。

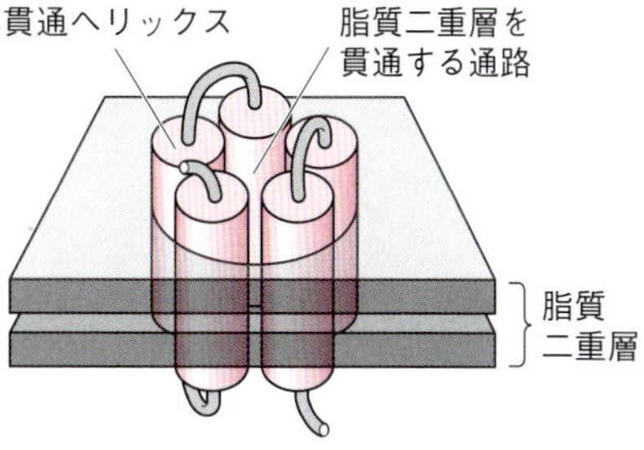

図 4·10 膜輸送タンパク質の模式図

チャネルタンパク質は，脂質二重層を貫通する孔を形成し，この孔が選択的にイオンや低分子物質を通す。また，多くのチャネルタンパク質には，外部からの刺激によって孔の開閉が行われる**ゲート**とよばれる機構が備わっている。

キャリアタンパク質はチャネルタンパク質とは異なり，物質が通過する孔が貫通しているのではなく，輸送する物質と膜の片側で結合し，キャリアタンパク質が構造変化することで，結合した物質を膜の反対側へと移動させる（図4·11）。

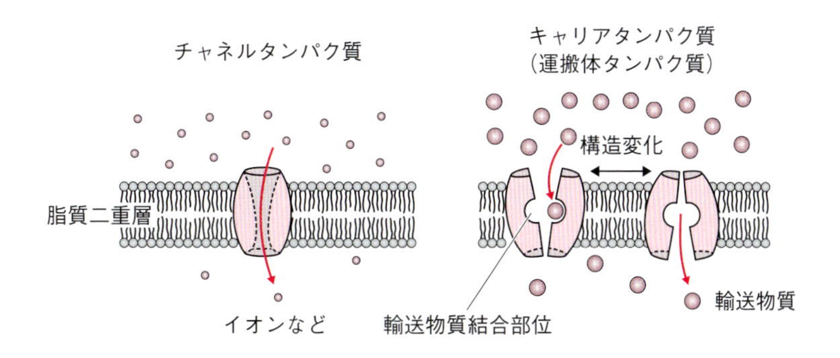

図 4·11 チャネルタンパク質とキャリアタンパク質

4･4･2　受動輸送と能動輸送

膜電位
membrane potential

電気化学的勾配
electrochemical gradient

ある物質が生体膜を横切って自由に移動できる状態であれば，その物質は膜の両側で濃度が等しくなるまで拡散する。しかし，これは移動する物質が電気的に中性なものの場合である。その物質が電荷をもっている場合は，濃度に加えて考慮しなければならない要素がでてくる。たとえばイオンは必ず電荷をもっているが，イオンが生体膜を横切って通過すると，膜を隔てて電位勾配（**膜電位**という）が生じるため，このような移動には電気的仕事が必要になる。そのため，イオンのように電荷をもった物質の場合は，**濃度勾配**に加えて**電位勾配**による要素も含めた，**電気化学的勾配**（＝濃度勾配＋電位勾配）とよばれるものが膜の両側で等しくなるまで拡散する（図 4･12）。

濃度勾配
電気的に中性な物質の場合
濃度 C_1≫濃度 C_2　　濃度 C_1＝濃度 C_2
C_1　C_2　　C_1　C_2

電位勾配
イオンなど電荷をもつ物質の場合

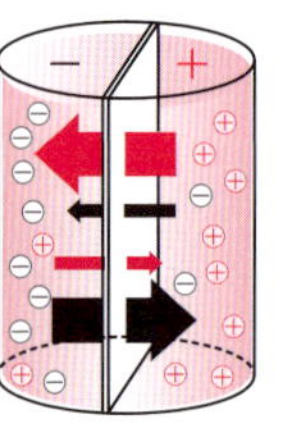

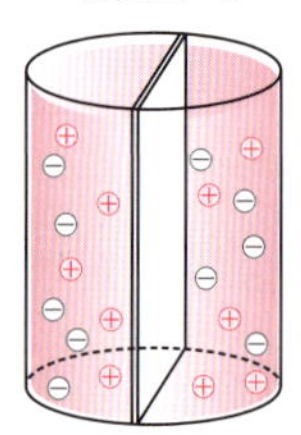

図 4･12　濃度勾配と電位勾配

受動輸送
passive transport

能動輸送
active transport

つまり，この電気化学的勾配に沿うような（膜の両側で電気化学的勾配が等しくなる方向への）物質の移動は自発的に起こるのに対して，電気化学的勾配に逆らって物質を移動させる場合にはエネルギーが必要となる。このような電気化学的勾配に沿って物質を輸送することを**受動輸送**といい，エネルギーを使って電気化学的勾配に逆らって物質を輸送することを**能動輸送**という。

① 受動輸送

受動輸送は，チャネルタンパク質とキャリアタンパク質のいずれのタイプの膜輸送タンパク質でも行われる。チャネルタンパク質がつくる孔は，通過させる物質に合う大きさや形になっている。たとえばイオンチャネルは，H^+，Na^+，K^+，Ca^{2+}，Cl^-などの無機イオンを通過させる。イオンの選択性は，1種類のイオンのみを通過させるものもあれば，複数種類のイオンを通すものも存在する。

チャネルタンパク質を特定の物質が通過するのは単なる拡散であるが，キャリアタンパク質は輸送する物質が結合する部分を，膜の両サイドで交互に切り換えながら物質を輸送する。そのため，キャリアタンパク質による物質の輸送速度（10^2 ～ 10^4 個 / 秒）は，チャネルタンパク質による輸送速度（10^6 ～ 10^8 個 / 秒）よりもはるかに遅い。受動輸送の場合，いずれのタイプの膜輸送タンパク質による輸送でも電気化学的勾配に沿った物質の移動であるため，エネルギーを消費することなく物質が輸送される（**図 4・13**）。

② 能動輸送

たとえばある特定の物質を細胞内，あるいは細胞小器官内に溜め込みたい場合，その物質の濃度が低いところから高いところに移動させることになる。つまり，電気化学的勾配に逆らった能動輸送を行う必要がある。この場合，チャネルタンパク質では運ばれる物質が逆流してしまうため，能動輸送はキャリアタンパク質しか行うことができない（**図 4・13**）。

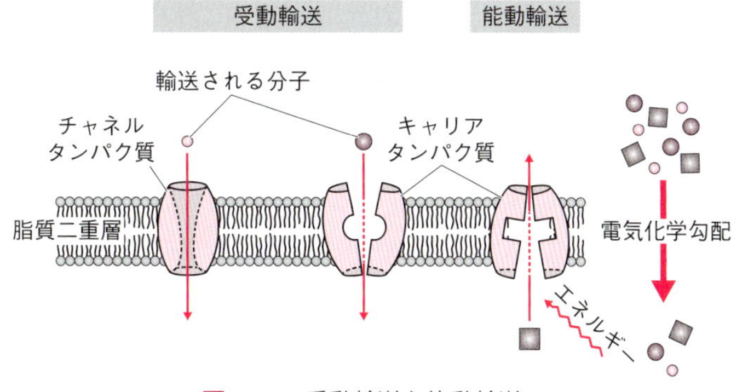

図 4・13　受動輸送と能動輸送

能動輸送にはエネルギーが必要であり，そのエネルギーとして，たとえば ATP のエネルギーが使われる（**2・4・1 項** 参照）。動物細胞の Na^+ / K^+-ATPase は，ATP を 1 分子加水分解するごとに，3 個の Na^+ を細胞外へ排出し，2 個の K^+ を細胞内へ取り込む。このはたらきにより，動物細胞では細胞内で K^+ 濃度が高く，細胞外で Na^+ 濃度が高い状態に保たれている（**図 4・14**）。

共輸送
co-transport

ATP の代わりに，生体膜を隔てて形成された特定のイオンの濃度差をエネルギー源とする能動輸送もある。これは，**共輸送**（共役輸送ともいう）とよばれるタイプの輸送で，一つの膜輸送タンパク質を介して，2 種類の物質

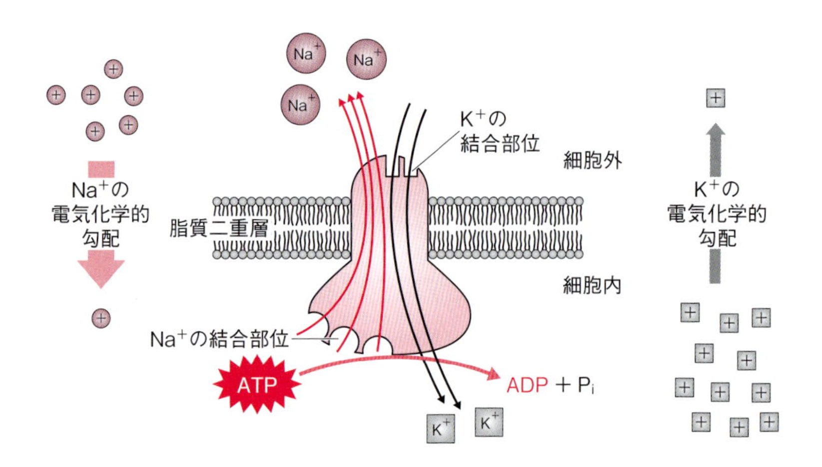

図 4･14　Na^+/K^+-ATPase

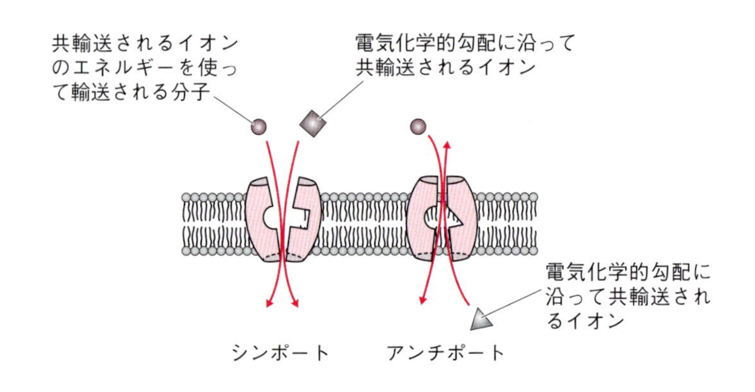

図 4･15　共輸送

が同時に輸送される。ただし，このとき輸送される2種類の物質のうちの一方は電気化学的勾配に沿った受動輸送である。つまり，一方の物質が電気化学的勾配に沿って輸送される際のエネルギーの一部を利用して，別の物質を電気化学的勾配に逆らって輸送するという機構である（**図 4･15**）。

たとえば，ナトリウム依存性グルコース共輸送体は，細胞外で濃度の高いNa^+が細胞内に流入する（受動輸送）ときのエネルギーの一部を使って，細胞外で濃度の低いグルコースを電気化学的勾配に逆らって細胞内に取り込む（**図 4･16**）。このように，2種類の物質の輸送方向が同じ場合を**シンポート**という。あるいは，細胞膜に局在するNa^+/H^+交換輸送体は，細胞外で濃度の高いNa^+が細胞内に流入するときのエネルギーを使って，細胞内からH^+を細胞外にくみ出し，細胞内のpHを中性付近に保っている。このように，2種類の物質の輸送方向が逆向きの場合を**アンチポート**という。

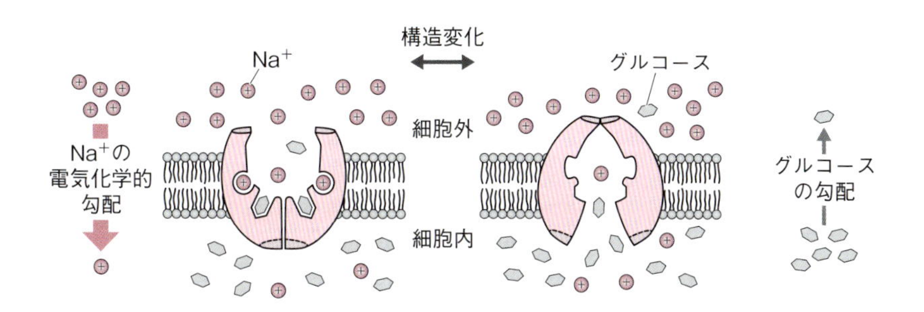

図 4·16　ナトリウム依存性グルコース共輸送体

コラム 4·1　アクアポリン

生体膜には，低分子物質を通過させるためのさまざまなチャネルタンパク質が備わっているが，その中にはアクアポリンという水分子（H_2O）専用のチャネルもある。わざわざ水分子を通過させるためのチャネルを用意しなくても，脂質二重層は水分子を自由に透過させるのではなかったのか（図 4·3），という疑問が浮かぶだろう。しかし，アクアポリン（水チャネルともいう）は，バクテリアから植物，そしてわれわれヒトに至るまで広く生物界に見られる。

確かに水分子は脂質二重層を自由拡散で通り抜けることはできるのだが，実はその速度はそれほど速くない。動物においては，たとえば腎臓で尿が濃縮されるときに大量の水分子が吸収される。また，植物は根から吸い上げた水を植物体全体に運ぶ必要があり，このとき細胞間で水分子がやりとりされる。これらの水分子の移動は自由拡散では遅すぎるのである。

アクアポリンは，毎秒 10 の 9 乗個（10 億個）の水分子を通過させることができ，しかも H_3O^+のようなイオンは通さないため，水分子がいくら移動しても膜電位に影響はない。生体膜に水は通しても，機能に水を差すことはないのである。

4·5　界面活性剤

界面活性剤
detergent

二つの性質の異なる物質の境界面（＝界面）に作用して，その性質を変化させる物質を総称して**界面活性剤**という。一般に，界面活性剤は両親媒性分子であり，そのため水と油のように本来混じり合わないものに加えると，界面活性剤の親水基部分と疎水基部分が水と油の間を取り持ち，混じり合わせることができる（**図 4·17**）。石けんなど洗剤の主成分である。

臨界ミセル濃度
critical micelle concentration：CMC

水に界面活性剤を加えていくと，その濃度が低いうちは疎水基を空中側に向けて水面に配列するが，濃度が高くなると水面は界面活性剤で飽和し，水中で界面活性剤が親水基を外に向けて疎水基を内側に隠すように集まって**ミセル**とよばれる構造を形成する（**図 4·17**）。このミセルの形成が始まる界面活性剤の濃度を**臨界ミセル濃度**（**CMC**）といい，界面活性剤の種類によっ

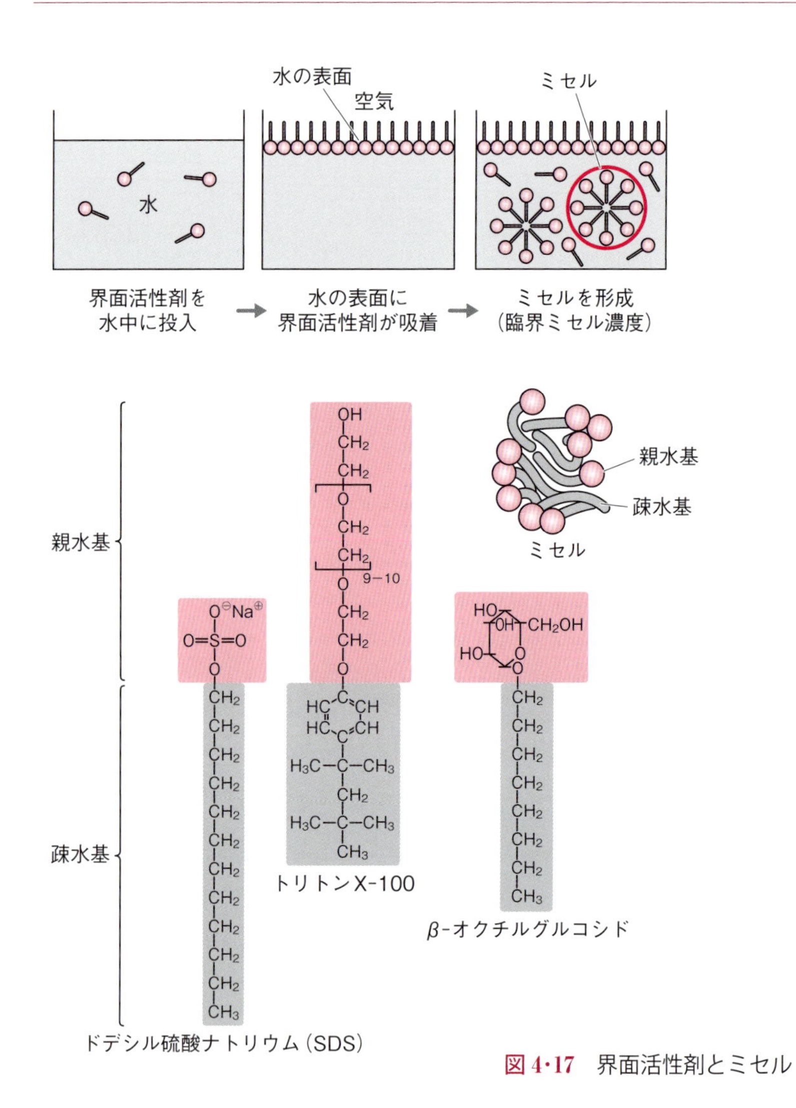

図 4·17　界面活性剤とミセル

て異なる。CMCの値が小さい界面活性剤ほど，より低い濃度でミセルが形成されることになり，界面活性剤としての性能が高いことを示す。

生体膜は脂質類と膜タンパク質の集合体であるが，ここに充分な量の界面活性剤を加えると，界面活性剤の疎水基部分が脂質類や膜タンパク質の疎水性領域と結合し，親水基部分を外側に向けて生体膜の構成成分を水中に溶かすことができる（可溶化という）（**図 4·18**）。可溶化した生体膜から単一の膜タンパク質を精製し，これをふたたび適当な量の脂質類と混ぜ合わせ，透析などにより徐々に界面活性剤を除去していくと，脂質類と膜タンパク質が自己集合して特定の膜タンパク質のみを埋め込んだリポソーム（＝**プロテオリポソーム**）を調製することができる。このようなプロテオリポソームを用いることにより，特定の膜タンパク質の機能を調べることができる。

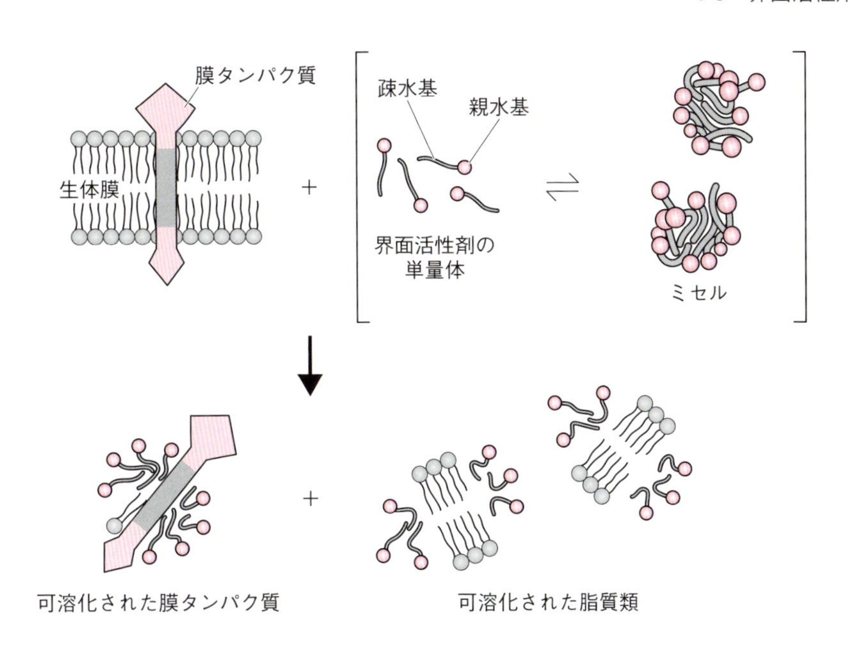

図 4·18　界面活性剤による生体膜の可溶化

この章のまとめ

- 主としてリン脂質分子が非共有結合性の相互作用により会合することで，脂質二重層という膜構造がつくられる。その膜に組み込まれた多くの種類の膜タンパク質は，生体膜の多様な機能を実現している。
- 脂質二重層は溶媒である水は通すものの，多くの溶質を通さない半透膜の性質をもつ。
- 生体膜を横切って特定の低分子物質を移動させるために，脂質二重層には多くの種類の膜輸送タンパク質が組み込まれている。
- 真核細胞の生体膜には，特定の種類の脂質やタンパク質が集まってつくられるミクロドメインが見られる。

5章 代謝

生命を駆動し維持するためのエネルギー獲得と，さまざまな生体物質をつくりだす一連の化学的過程が代謝である。代謝は，生物が外から物質を取り込んで，それを自身に必要な物質に変換する**同化**（たとえば，タンパク質，脂質，糖質，核酸の合成）とよばれるものと，生体内で物質を分解することによってエネルギーを取り出す**異化**とよばれるものの二つに分けられる。異化作用によって取り出されたエネルギーは，エネルギー供給物質となるATP（**2･4･1項** 参照）の分子中に高エネルギーリン酸結合という形で保持される。ATPが加水分解されてADPと無機リン酸が生じるときに大きなエネルギーが放出され，すべての生物は，このATPの加水分解により取り出されるエネルギーを利用して，あらゆる生命活動を行っている（**図5･1**）。生物が生体内でエネルギーを使う場合，いったんこのATPという化合物に変換しない限り，基本的には利用することができない。そのためATPは「**生体エネルギー通貨**」とよばれている。また，この異化作用によって得られたエネルギーを用いて，さまざまな生体分子をつくる同化作用が行われる。

この章では，いくつかの異化作用と同化作用を取り上げ，生物が何からどのようにしてエネルギーを取り出し，またそれがどのように使われてATPが産生されるのか，さらにそのATPを用いてどのように必要な生体分子が合成されるのかについて述べる。

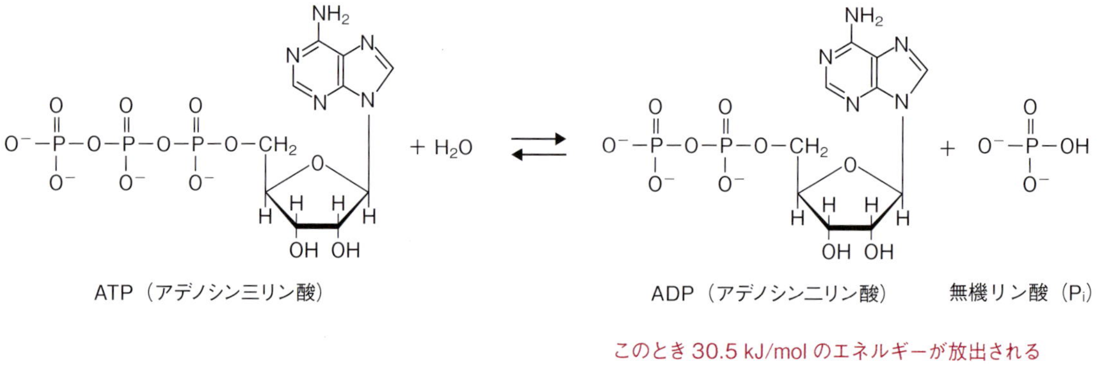

ATP（アデノシン三リン酸） + H_2O ⇄ ADP（アデノシン二リン酸） + 無機リン酸（P_i）

このとき30.5 kJ/molのエネルギーが放出される

図5･1 ATPの加水分解反応

5･1　ATP の産生

ATP が加水分解されて，エネルギーが取り出された後に生じる ADP と無機リン酸は，そのまま使い捨てられるわけではなく，エネルギーを使ってふたたび ADP に無機リン酸を結合させて ATP に戻されて，くり返し利用される。この ADP にリン酸を結合させる反応のことを ATP の合成という。

それでは，どのようなエネルギーを使って使用済みの ADP にリン酸を結合させているのだろうか。そのためにはいくつかの方法があり，全生物が共通して使っている方法もあるし，特定の生物しか使っていない方法もある。まずは，地球上のあらゆる生物が共通して使っている**解糖系**という方法から述べる。

5･1･1　解糖系

解糖系　glycolysis

2･3 節で述べたように，生体内では糖がエネルギー貯蔵物質として使われている。動物ではグリコーゲン，植物ではデンプンという多糖として貯蔵されたものが，必要なときに単糖であるグルコースに分解されて利用される。すべての生物は，このグルコースを分解し，そのときに取り出されるエネルギーを使って ATP を合成している。

$$C_6H_{12}O_6 + 6O_2 \longrightarrow 6CO_2 + 6H_2O$$

グルコース　　　　このとき 2850 kJ/mol のエネルギーが放出される

図 5･2　グルコースの燃焼（酸化）により取り出されるエネルギー

グルコースを二酸化炭素と水にまで完全燃焼させると大きなエネルギーが放出される（**図 5･2**）。この燃焼というのは可燃物が酸素と結びつく反応であり，これは**酸化反応**の一つである。つまりグルコースを酸化させることによってエネルギーが取り出せるのである。ただし，生体内で燃焼という急激な酸化反応を起こすと危険なので，さまざまな酵素を使ってグルコースを段階的にゆっくりと酸化させることにより，少しずつエネルギーが取り出される。

酸化反応
oxidation reaction

酸化反応というのは，化学的には「物質が電子を失うこと」であり，これが起こるためには同時に還元されるものも必要で，その場合の**還元反応**とい

還元反応
reduction reaction

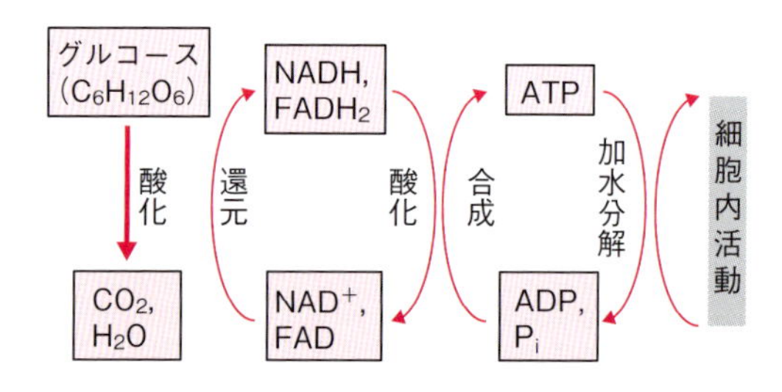

図5·3 NAD^+とFADが取り持つ反応

うのは「物質が電子を得ること」である。つまり，酸化反応が起こるときには，必ずセットとなる還元反応も同時に起こる。グルコースの燃焼では，グルコースが電子を失って（酸化されて），その電子を酸素が受け取る（還元される）という**酸化還元反応**である。この酸化還元反応でグルコースが電子を渡す相手は酸素である必要はない。生体内でグルコースが酸化されるときに電子を受け取る役割を担うのが，ヌクレオチドの誘導体であるNAD^+や$NADP^+$，そしてFAD（**2·4·1項**）である（**図5·3**）。

解糖系はすべての生物がもつしくみであり，原核細胞あるいは真核細胞のサイトゾル中でグルコースが10段階の酵素反応を経て，**ピルビン酸**という物質にまで分解される。この一連の過程で取り出されたエネルギーからATPが合成される（**図5·4**）。

まず，出発物質であるグルコースに，ヘキソキナーゼとホスホフルクトキナーゼという二つのキナーゼによってATPを用いてリン酸基が付加される反応が起こり，六炭糖を三炭糖に開裂するアルドラーゼ反応，脱水素反応と共役して無機リン酸が付加される反応を経て，イソメラーゼとムターゼによる異性化反応による相互変換と，ATP合成を行うホスホグリセリン酸キナーゼとピルビン酸キナーゼによる二つのキナーゼ反応から成り立っている。この最後の二つのキナーゼが関与する反応で，1,3-ビスホスホグリセリン酸やホスホエノールピルビン酸がもつ高エネルギー結合のリン酸基を直接ADPに転移させてATPを生成する。この過程は**基質レベルのリン酸化**とよばれる（**5·1·3項**の酸化的リン酸化を参照）。

六炭糖が開裂すると2分子の三炭糖が生成されるが，このうちジヒドロキシアセトンリン酸の方は異性化反応（トリオースリン酸異性化酵素）により，結局グリセルアルデヒド3-リン酸とされるため，これ以降の反応では分子の数が2倍になることに注意が必要である。すると反応全体として，1分子のグルコースが2分子のピルビン酸にまで分解されることになる。この一連の過程で2分子のATPが消費され，4分子のATPが生成されるため，差

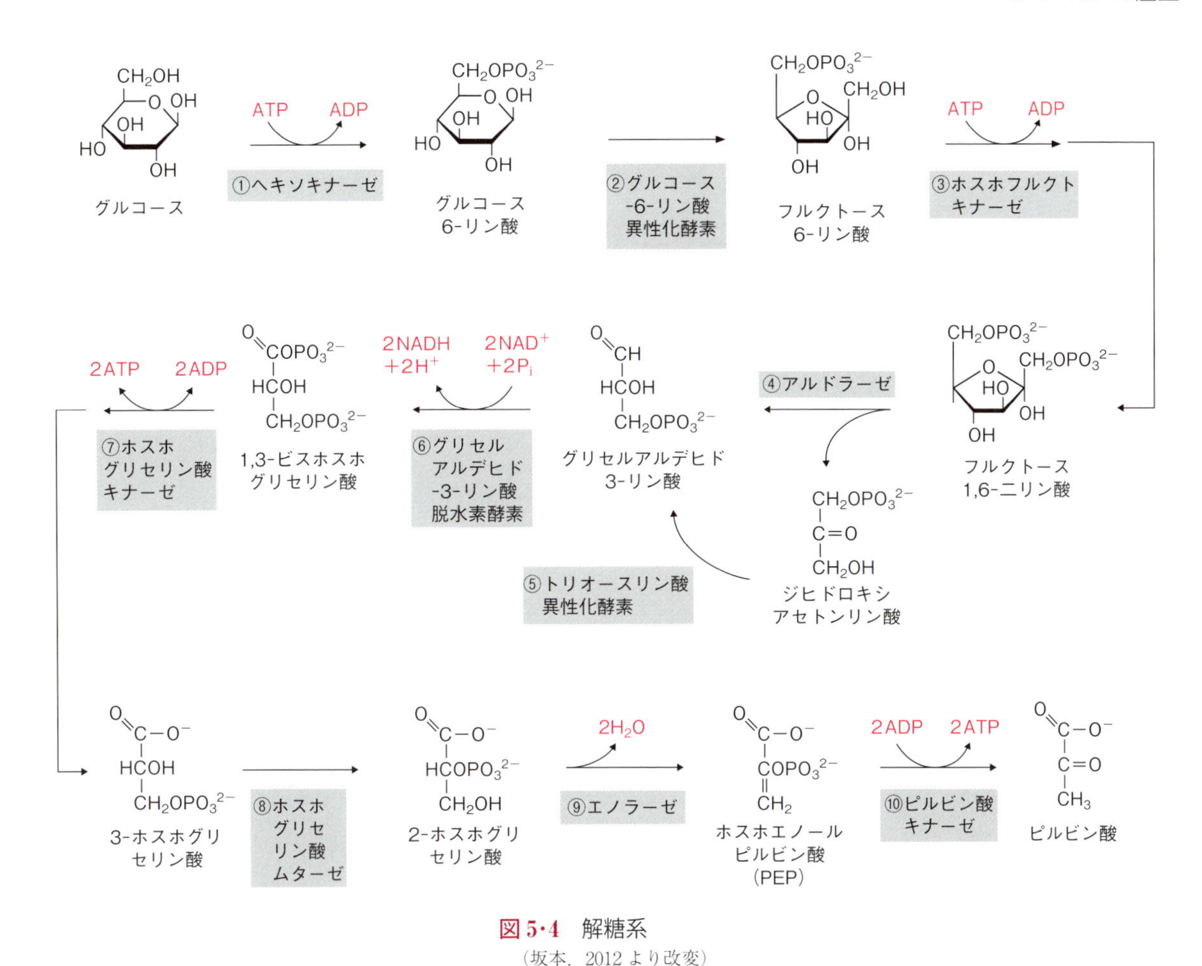

図 5･4　解糖系
（坂本，2012 より改変）

し引き 2 分子の ATP が産生される。また同時に，2 分子の NADH も生成される。このいずれの過程にも酸素は必要なく，嫌気的な条件下でも ATP が合成される。

5･1･2　クエン酸回路

クエン酸回路
citric acid cycle

解糖系での最終産物はピルビン酸であるが，好気条件，つまり酸素が存在する条件下では，このピルビン酸をさらに分解することにより，まだまだエネルギーを取り出すことができる。これを行うのが，**クエン酸回路**という回路状の反応である（**図 5･5**）。反応経路の最後の生成物が，ふたたび最初の反応の基質となり，反応がぐるぐるとくり返されることからこのようによばれる。生成する中間体の名称から TCA 回路，あるいは発見者の名前を取ってクレブス回路ともよばれる。原核生物ではサイトゾル中で，真核生物ではオルガネラのミトコンドリア内で進行する。

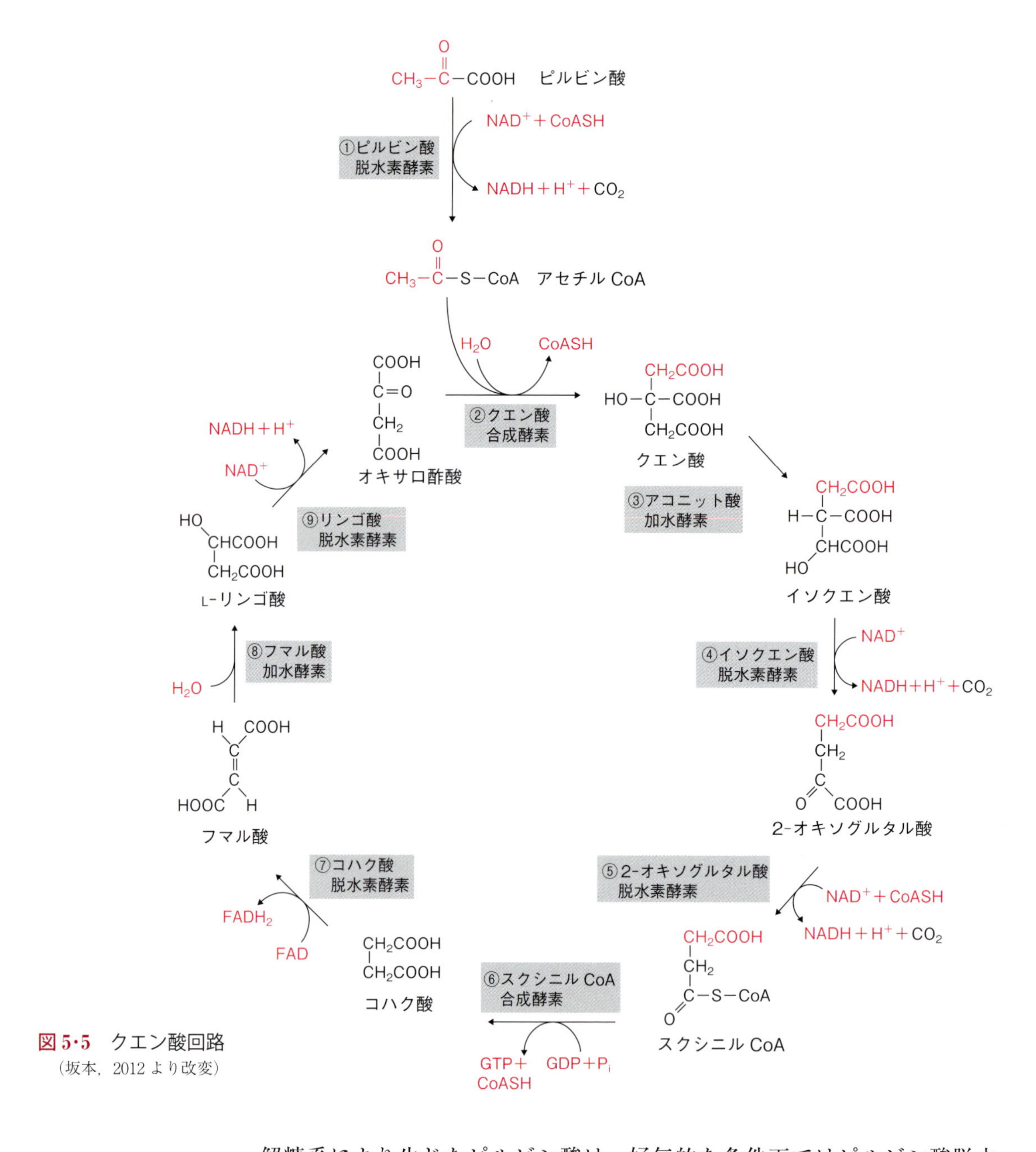

図 5·5 クエン酸回路
（坂本，2012 より改変）

オキサロ酢酸
oxaloacetate

コハク酸
succinic acid

解糖系により生じたピルビン酸は，好気的な条件下ではピルビン酸脱水素酵素により**アセチル CoA** となり（この過程で NAD^+ が還元されて 1 分子の NADH が生じる），これが**オキサロ酢酸**と縮合して**クエン酸**になることにより回路に入る。クエン酸はイソクエン酸に異性化され，その後，脱炭酸反応を伴う脱水素反応を 2 回受けて**スクシニル CoA** になる。この過程で，NAD^+ が還元されて 2 分子の NADH が生じる。スクシニル CoA はスクシニル CoA 合成酵素により**コハク酸**となり，このとき GDP にリン酸基が転

フマル酸
fumaric acid

リンゴ酸
malic acid

移されて 1 分子の GTP（ほとんどエネルギーを消費せず ATP と相互変換される）が生成される（これも基質レベルのリン酸化である）。コハク酸はコハク酸脱水素酵素により**フマル酸**となるが，この過程で FAD から $FADH_2$ が 1 分子生じる。フマル酸はフマル酸加水酵素によって**リンゴ酸**となり，リンゴ酸はリンゴ酸脱水素酵素によりオキサロ酢酸に再生され，このとき NAD^+ が還元されて 1 分子の NADH が生じる。

すると反応全体として，1 分子のピルビン酸から 4 分子の NADH と 1 分子の $FADH_2$，そして 1 分子の GTP（ATP と相互変換）が産生される。解糖系の出発点から考えると，グルコース 1 分子からは 2 分子のピルビン酸が生成されるため，上記の 2 倍の分子（すなわち，8 分子の NADH，2 分子の $FADH_2$，2 分子の GTP）が産生されることになる。ここまでの反応に酸素は直接必要ないのだが，嫌気的な条件下ではクエン酸回路が進行しない（理由は次項の「呼吸鎖」で述べる）。

ここで登場する **CoA** とは，補酵素 A あるいはコエンザイム A ともよばれるもので，アシル基の運搬体としてはたらく（**図 5·6**）。CoA はその末端にチオール基（SH 基）をもち，ここにアシル基をチオエステル結合する。この結合は高エネルギー結合であるため，結合したアシル基を別の分子に転移させることができる。たとえば，ここにアセチル基が結合したものがアセチル CoA であり，これはアセチル基を運搬する。また，脂肪酸の合成においては，炭素鎖の長い脂肪酸を結合して運搬する（**5·2·1(1) 項** 参照）。

酸素のない嫌気的な条件下では，解糖系で生成されたピルビン酸は別の経

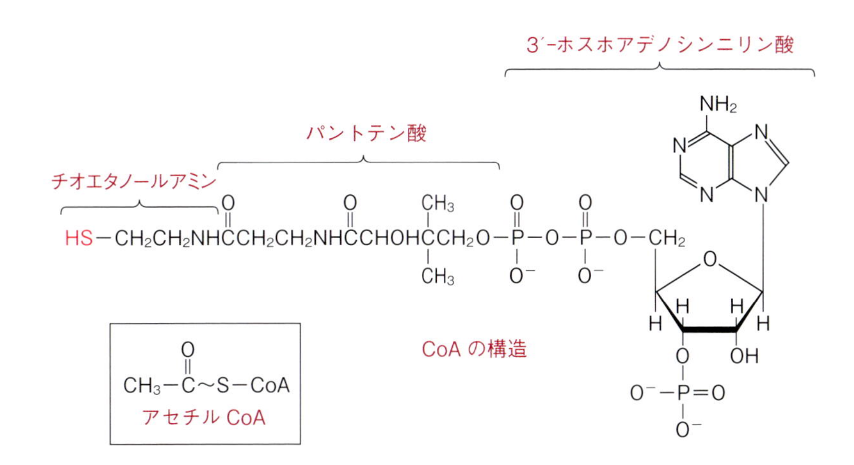

図 5·6　CoA とアセチル CoA
"～" はチオエステル結合で高エネルギー結合であることを示す。

5章
代謝

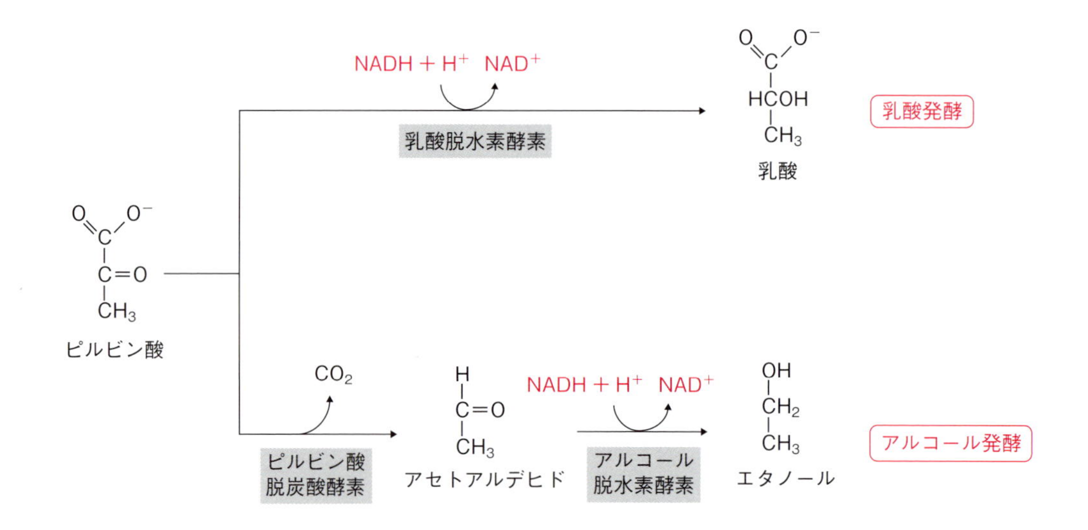

図 5・7 乳酸発酵とアルコール発酵
（坂本，2012 より改変）

発酵 fermentation

路に入りそれが老廃物となる。それが発酵である（**図 5・7**）。発酵にはいくつかの種類があり，たとえば，ピルビン酸から二酸化炭素が取り除かれてアセトアルデヒドとなり，これが解糖系で生成した NADH により還元されてエタノール（老廃物）となるのが**アルコール発酵**である。あるいは，ピルビン酸がそのまま NADH により還元されて乳酸（老廃物）となるのが**乳酸発酵**である。このように，酸素のない嫌気的な条件下では，ピルビン酸からはエネルギーが取り出されず，グルコース 1 分子からは解糖系による 2 分子の ATP しか産生されない。

とはいえ，好気的な条件下であってもクエン酸回路で産生される高エネルギーリン酸化合物は 2 分子の GTP だけであり，嫌気的条件下で生成される 2 分子の ATP からそれほど増えるわけではないように見える。しかし，解糖系とクエン酸回路では，高エネルギーリン酸化合物に加えて，NADH や $FADH_2$ といった還元力をもつ物質が多数生成されてくる。実はこれらの物質が，次節で述べるような呼吸鎖とよばれる経路において酸素により酸化され，その際の一連の反応に共役して大量の ATP が産生される。そのため，クエン酸回路によるエネルギー産生は，**図 5・5** に示した一連の反応だけでは完結しない。好気的条件下で 1 分子のグルコースから産生されるエネルギーを算出するには，呼吸鎖によって NADH や $FADH_2$ が酸化されることにより取り出されるエネルギーも考慮する必要がある。

5·1·3　呼 吸 鎖

呼吸鎖
respiratory chain

解糖系とクエン酸回路によって，1分子のグルコースから10分子の NADH と2分子の $FADH_2$ といった還元力をもつ物質，つまり電子を渡す能力をもつ物質が生成されてくる。これらの物質は，生体膜中に形成される四つのタンパク質複合体（複合体Ⅰ～Ⅳ）を中心とする**呼吸鎖**（あるいは**電子伝達系**ともいう）に電子を渡し，その電子は約20種類の電子伝達体を経由して，最終的に酸素（O_2）に渡されて水分子（H_2O）を生じる。電子伝達体としては，脂溶性化合物であるコエンザイム Q10（図中で Q と表記）が膜中で，膜表在性タンパク質であるシトクロム c が膜表面ではたらき，残りは複合体Ⅰ～Ⅳに補因子として含まれている（**図5·8**）。

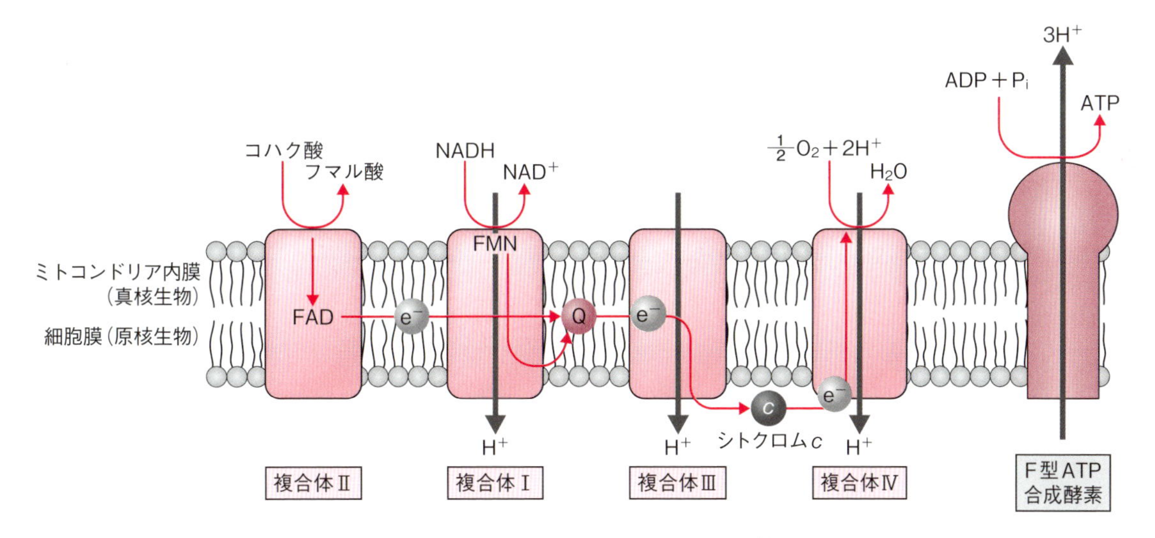

図5·8　呼吸鎖

NADH は，まず複合体Ⅰの FMN（フラビンモノヌクレオチド）に電子を渡して NAD^+ となり，このとき解離した H^+ は膜を介して輸送される。次に電子は，膜中のコエンザイム Q10（Q）を経て複合体Ⅲに渡され，ここでまた H^+ が輸送される。さらに電子は，膜表面のシトクロム c を経て複合体Ⅳに渡され，このときにも H^+ が輸送される。そして電子は最終的に酸素に渡されて H_2O が生じる。

複合体Ⅱは，実はクエン酸回路の一部でもあり，ここに含まれるコハク酸脱水素酵素は FAD を共有結合していて，これがコハク酸からフマル酸に変換される反応で $FADH_2$ となり，電子はここからコエンザイム Q10 を経て複合体Ⅲへと渡される。

電子を渡す相手である酸素がない条件では，当然この呼吸鎖は機能しないわけだが，その場合，複合体ⅠでNAD^+が生成されてこない。ここで生成されるNAD^+はクエン酸回路の進行に必須であり（**図5·5**参照），嫌気的条件下でクエン酸回路が進行しないのはこのためである。

この呼吸鎖は生体膜中にあり，原核生物の場合は細胞膜に，真核生物の場合はミトコンドリアの内膜に存在するのだが，電子の移動と共役して，多くのH^+が生体膜を横断して，原核生物の場合は細胞外，真核生物の場合ミトコンドリア内膜の外に移動する。その結果，生体膜を介したH^+の濃度差――電気化学的勾配が形成される。つまり，この呼吸鎖の本質は，NADHや$FADH_2$が段階的に酸化されるのに伴い，H^+が膜の片側に集められて電気化学的勾配が形成される点にある。そして呼吸鎖がある膜には，このH^+の電気化学的勾配を使ってATPを合成する**F型ATP合成酵素**が備わっている。

このF型ATP合成酵素は，膜に埋まった**F_o**部分と，F_oに結合して膜に表在する**F_1**部分からなる。F_o部分は，物理的に**回転**するローター部分と回転しない固定子部分とに分かれ，これらの間にH^+の通り道がある。ATPの合成を行うのはF_1部分であり，H^+輸送に伴いローターとストークが回転し，その回転によるエネルギーがF_1部分に伝えられてATPが合成される（**図5·9**）。約3個のH^+が輸送されるのに伴って，1分子のATPが合成されると見積もられている。呼吸鎖の各複合体において輸送されるH^+の数はまだ充分には解明されていないのだが，1分子のNADHが完全に酸化されると，約3分子のATPが合成されてくることから，それに伴うH^+の移動は$3 \times 3 = 9$個ということになる。解糖系の出発点から考えると，好気的条件下では1分子のグルコースから30分子以上のATPが合成されることになる。

酸化的リン酸化
oxidative phosphorylation

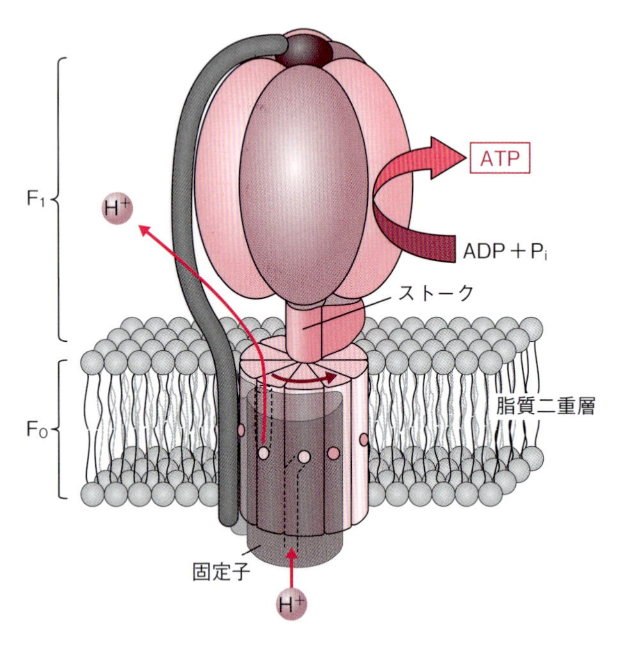

図5·9 F型ATP合成酵素

このような呼吸鎖でのATP合成は，解糖系における基質レベルのリン酸化に対して，「**酸化的リン酸化**」という。これは，NADHや$FADH_2$の酸化と共役してATPが合成されることに由来する。

コラム5·1 ATPの利用とGTPの利用

細胞内では，ATP，GTP，CTP，UTPなどのヌクレオシド三リン酸を加水分解してエネルギーが取り出される。これらのどれを加水分解しても，1分子あたりから取り出されるエネルギーはほとんど同じだ。この中で，圧倒的に使用頻度が高いのがATPとGTPである。ATPを使う酵素（ATPase）とGTPを使う酵素（GTPase）の構造をくらべてみると，ATPやGTPの結合と加水分解に関わる部分の構造は両者でとてもよく似ていることから，どちらも起源は同じである可能性が高い。しかし，ATPaseとGTPaseとで，その役割には明確な違いがあるように見える。

たとえば，筋肉を動かすタンパク質や，鞭毛を動かすタンパク質，そして細胞内で物質を輸送するためのモータータンパク質など，力学的な力を発生するものはほとんどATPaseである。これに対してGTPaseは，細胞内のシグナル伝達や，リボソームにおけるタンパク質合成と細胞内輸送反応における分子スイッチなど，さまざまな生体反応の調節が行われる場面で機能している。これは，反応を一方向に進めるためにエネルギーが使われている。

ちなみに，血液検査で肝機能の指標としてγ-GTPという項目があるが，これはγ-グルタミルトランスペプチダーゼのことであり，ヌクレオチドのGTPとはまったく関係がない。

5·1·4 脂肪酸のβ酸化

2·2·2項で述べたように，生物はエネルギー（ATP）に変換できる物質をトリアシルグリセロール（中性脂肪）の状態で貯蔵している。これはエネルギーの供給が過剰なときに，クエン酸回路に入ろうとしているアセチルCoAから脂肪酸を合成し，これをグリセロールと結合してトリアシルグリセロールに変換して貯蔵するのである。ここからふたたびエネルギーを取り出す際には，まずトリアシルグリセロールが**リパーゼ**によってグリセロールと脂肪酸に分解される(**図5·10**)。ここで生成してきた脂肪酸からエネルギーを取り出す反応が**β酸化**である（**図5·11**）。

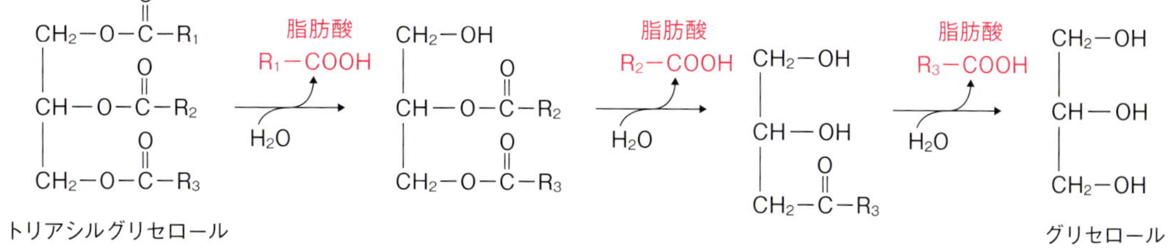

トリアシルグリセロール →（H_2O；脂肪酸 R_1-COOH）→ →（H_2O；脂肪酸 R_2-COOH）→ →（H_2O；脂肪酸 R_3-COOH）→ グリセロール

図5·10 リパーゼによるトリアシルグリセロールの分解
（有坂，2015より改変）

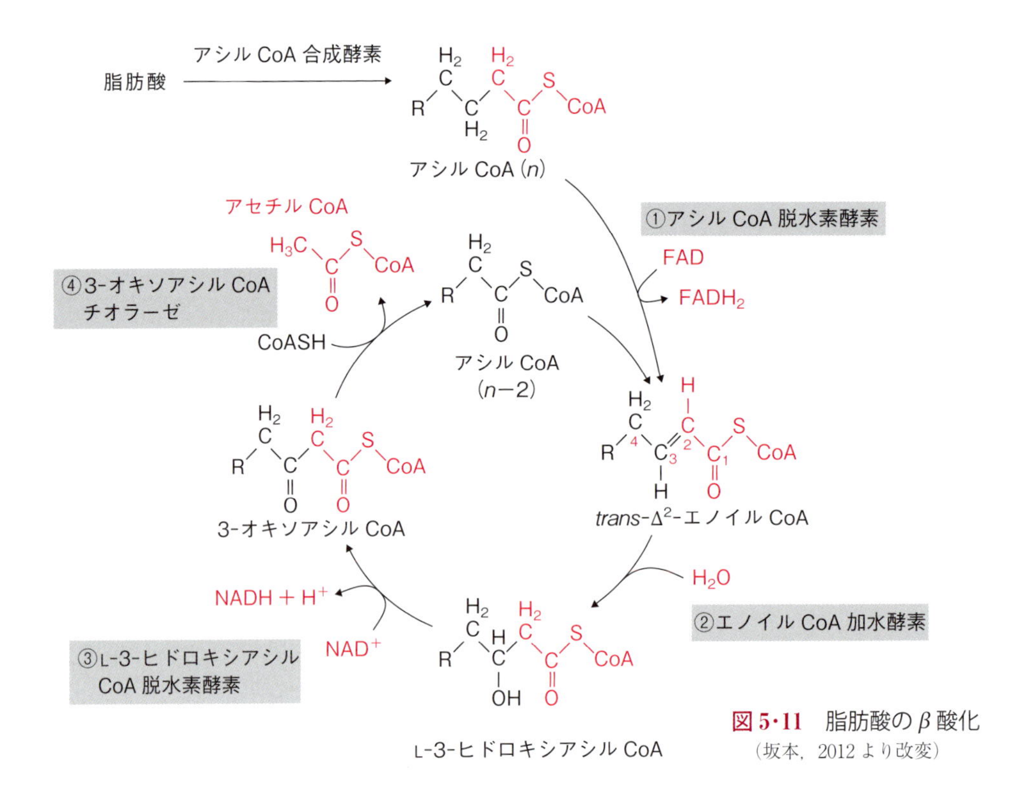

図 5・11 脂肪酸のβ酸化
（坂本，2012 より改変）

β酸化は，脂肪酸のカルボキシ末端にアシル CoA 合成酵素により CoA が付加され，アシル CoA が生成されることによって始まる。このアシル CoA を出発物質として：

① アシル CoA が FAD で酸化されて *trans*-Δ^2-エイノル CoA となる。

② *trans*-Δ^2-エイノル CoA が，エイノル CoA 加水酵素により L-3-ヒドロキシアシル CoA になる。

③ L-3-ヒドロキシアシル CoA は，NAD^+ により酸化されたのち，L-3-ヒドロキシアシル CoA 脱水素酵素により 3-オキソアシル CoA に変換される。

④ 最後に 3-オキソアシル CoA は，3-オキソアシル CoA チオラーゼによりアセチル CoA が遊離して，アシル CoA の炭化水素鎖が炭素 2 個分短くなる。この短くなったアシル CoA がふたたび①の反応の基質となる。

このようにβ酸化では，アシル CoA の CoA が付加された末端側から炭素 2 個ずつが酸化的に切り離されて順次アセチル CoA を生成し，これをクエン酸回路に送り込んでエネルギーを産生する。この反応はペルオキシソームやミトコンドリアのマトリックスで行われる。

たとえば，炭素数が 16 である飽和脂肪酸のパルミチン酸は，7 回のβ酸化で 8 分子のアセチル CoA が生成され，これがクエン酸回路に入ると理論

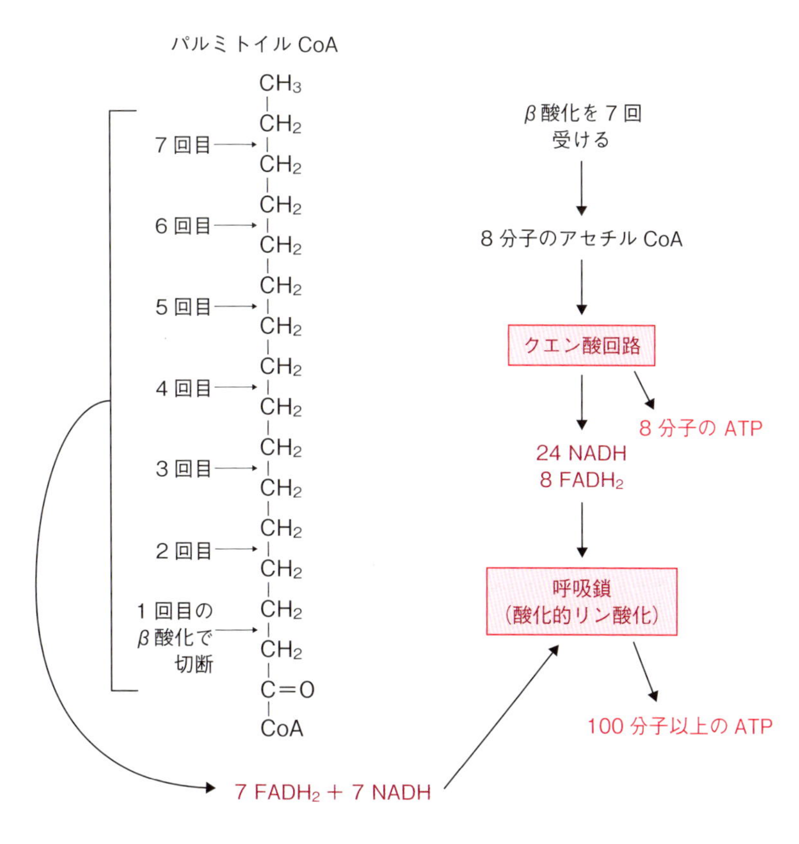

図 5・12　パルミトイル CoA の β 酸化
（八杉，2013 より改変）

上 108 分子以上の ATP が得られることになる（**図 5・12**）。これは，グルコース 1 分子から得られる ATP の 3 倍以上ということになり，重量あたりで比較しても多糖よりも脂肪酸の方がエネルギー貯蔵物質として優れている。

逆に脂肪酸が合成される際にも，このアセチル CoA が材料として利用され，アセチル基部分の炭素 2 個ずつが結合されていく。そのため，生体内の脂肪酸の炭素数は**偶数**の場合がほとんどである。

図 5・11 に挙げた β 酸化反応は四つの酵素による 4 段階の反応であるが，不飽和脂肪酸が基質となる場合は，二重結合の位置でこの反応がいったん停止する。そして，異性化酵素によってシス型からトランス型に変換され，さらに NADPH を介した還元反応によって飽和脂肪酸に変換されたのち，β 酸化反応が再開される。

多くの脂肪酸の炭素数は偶数個なのだが（**表 2・3** 参照），α 酸化とよばれる過程を経て炭素数が奇数個の脂肪酸が合成される場合もある。脂肪酸の炭素数が奇数個の場合は，β 酸化をくり返して最後に生じるプロピオニル CoA

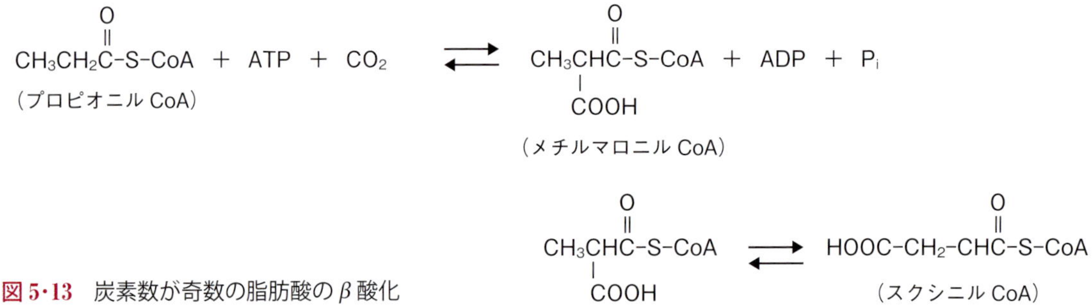

$$\mathrm{CH_3CH_2C(=O){-}S{-}CoA} + \mathrm{ATP} + \mathrm{CO_2} \rightleftharpoons \mathrm{CH_3CH(COOH)C(=O){-}S{-}CoA} + \mathrm{ADP} + \mathrm{P_i}$$

（プロピオニル CoA）　　　（メチルマロニル CoA）

$$\mathrm{CH_3CH(COOH)C(=O){-}S{-}CoA} \rightleftharpoons \mathrm{HOOC{-}CH_2{-}CH_2C(=O){-}S{-}CoA}$$

（スクシニル CoA）

図 5·13　炭素数が奇数の脂肪酸の β 酸化

がプロピオニル CoA カルボキシラーゼにより ATP の加水分解を伴ってメチルマロニル CoA となり，これがメチルマロニルムターゼの作用でスクシニル CoA に変換され，これがクエン酸回路に入り代謝される（**図 5·13**）。

5·1·5　尿素回路

尿素回路
urea cycle

哺乳類では，摂取したアミノ酸（タンパク質）やヌクレオチド（核酸）が分解される過程でアンモニアが生じる。このアンモニアは生体にとって毒性が高いため，**尿素回路**によって毒性のない尿素に変換され，尿として排出される（**図 5·14**）。

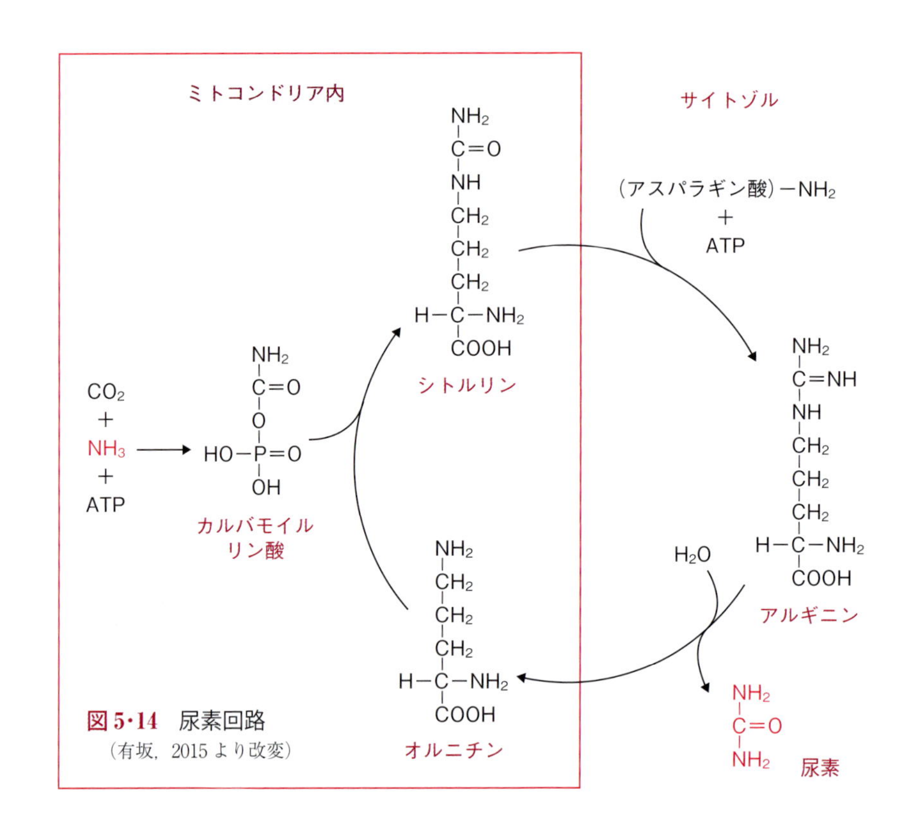

図 5·14　尿素回路
（有坂，2015 より改変）

尿素回路では，アンモニアがATPとCO_2と反応してカルバモイルリン酸となり，これがオルニチンと結合してシトルリンを生じる。このシトルリンはサイトゾルへと輸送され，アスパラギン酸を受けとってアルギニンに変換される。このアルギニンが加水分解されることにより，オルニチンと尿素が生成される。オルニチンはふたたびカルバモイルリン酸と反応する。

この過程で，尿素1分子を生成するために4分子のATPが消費されるため，尿素回路では大量のエネルギーが消費される。しかし，毒性の高いアンモニアを除去するための重要な代謝経路といえる。

5･2　糖と脂質の合成

生体内に取り込んだ物質を分解することによりATPを産生する異化作用に対して，そのATPのエネルギーを利用して取り込んだ物質を必要な生体分子に変換するのが同化作用である。ここでは，生体膜の材料やエネルギー貯蔵物質として利用される脂質の生合成と，生体内で糖が欠乏したときにはたらく糖の生合成などについて述べる。

5･2･1　脂質の生合成

脂質が分解されてエネルギーが取り出される過程について述べてきたが，今度は逆に，細胞内で脂質がどのようにして合成されるのかについて見ていこう。

5･2･1 (1)　脂肪酸の合成

前節で述べた脂肪酸を酸化分解していくβ酸化は，その過程の多くが不可逆反応であるため，脂肪酸の合成はこの逆反応というわけにはいかない。しかも，β酸化はミトコンドリアのマトリックスで行われるのに対して，脂肪酸の合成はサイトゾルで行われ，関与する酵素群もβ酸化とはまったく異なる。その材料となるのは，**アセチルCoA**である。

アセチルCoAは，真核細胞内ではミトコンドリアのマトリックスでしか生成されないため，これをサイトゾルに運び出してくる必要がある。しかし，アセチルCoAの状態ではミトコンドリアから膜輸送されないため，いったんクエン酸回路でクエン酸に変換されたものがサイトゾルへと膜輸送され，その後，サイトゾル中でATPクエン酸シンターゼという酵素によってふたたびアセチルCoAに戻される。また，このとき生じるオキサロ酢酸は，ミ

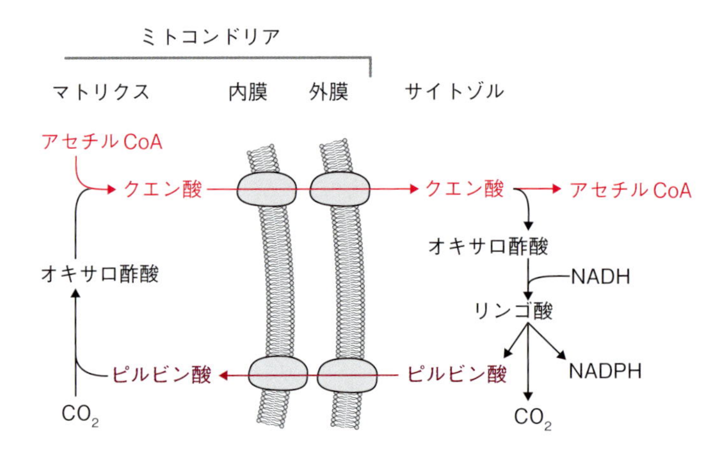

図 5･15 脂肪酸の材料（アセチル CoA）の輸送
（坂本，2012 より改変）

トコンドリア内へ戻される必要があるのだが，このままでは膜輸送されないため，NADH が消費されてリンゴ酸へと還元され（リンゴ酸脱水素酵素による），これがリンゴ酸酵素により NADPH を生じてピルビン酸に変換されてミトコンドリア内へと運ばれる（**図 5･15**）。

このようにしてミトコンドリアからサイトゾルとへ供給されたアセチル CoA は，アセチル CoA 脱炭酸酵素によって ATP のエネルギーを使って反応性の高いマロニル CoA へと変換されて活性化される。このマロニル CoA は，アセチル CoA とともにアシルキャリアータンパク質（ACP）がもつ SH 基にチオエステル結合し，それぞれマロニル ACP，アセチル ACP とい

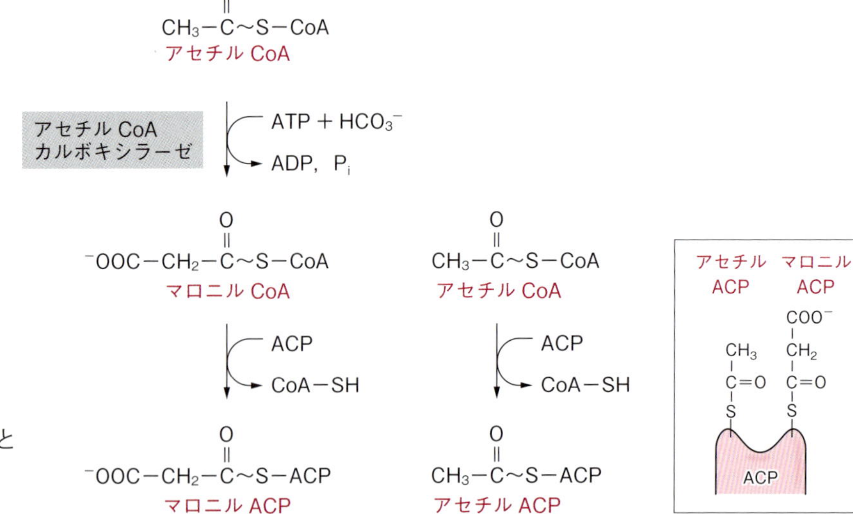

図 5･16 マロニル ACP とアセチル ACP の合成
“〜”はチオエステル結合。

うタンパク質に結合した状態となる（**図 5・16**）。大腸菌などの細菌や葉緑体においては，ACP を含めた脂肪酸合成に関わる複数の酵素が複合体を形成して機能しているのに対して，動物の脂肪酸合成は 1 本のポリペプチド鎖からなる巨大タンパク質上の異なる部位で行われる。

まず，3-オキソアシル ACP 合成酵素により，ACP 上のマロニル基にアシル基が転移して縮合する。次に，3-オキソアシル ACP 還元酵素により，NADPH で還元されてヒドロキシ基がつくられる。これが，3-ヒドロキシアシル ACP 脱水酵素により脱水され二重結合が生成し，さらにエイノル ACP 還元酵素と NADPH により還元を受けて二重結合が水素で飽和され，鎖長が炭素 2 個分伸長する。この反応が，たとえば 7 回くり返されると，パルミトイル基（$C_{15}H_{31}CO$–）が ACP 上に合成され，ACP とのチオエステル結合がチオエステラーゼにより切断されてパルミチン酸が遊離する（**図 5・17**）。

この反応では，8 分子のアセチル CoA から 1 分子のパルミチン酸が生成されることになるが，その際に 14 分子の NADPH が還元剤として消費され

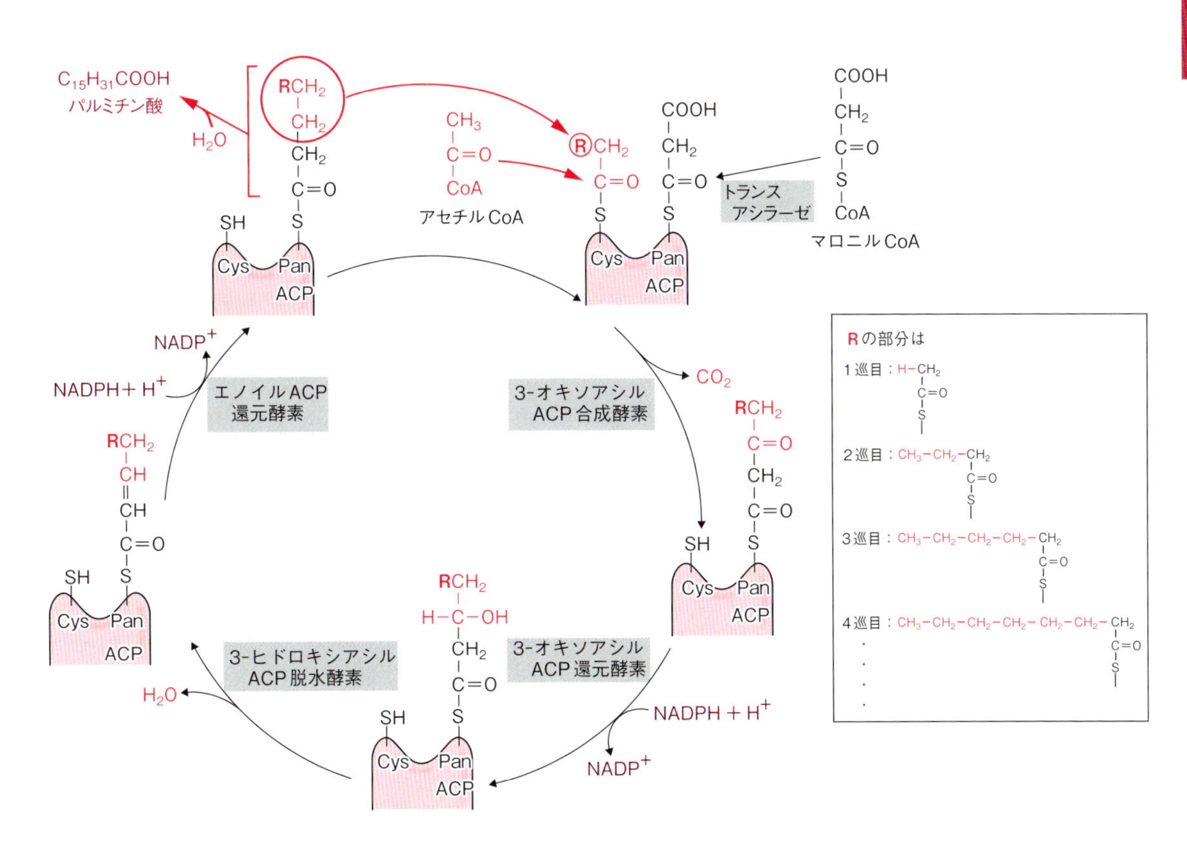

図 5・17 脂肪酸の生合成
R は一巡ごとに C_2H_4 単位ずつ長くなる。Pan：ホスホパンテイン（パンテテイン＋リン酸）（坂本, 2012 より改変）

る。このNADPHは次に述べるペントースリン酸回路から供給される。

5･2･1(2) ペントースリン酸回路

サイトゾルでの脂肪酸合成に用いられるNADPHは**ペントースリン酸回路**で合成される（**図5･18**）。この反応はサイトゾルで行われ，まず解糖系の中間代謝物であるグルコース6-リン酸から出発して，これが脱水素酵素（デヒドロゲナーゼ）によりグルコノ-δ-ラクトン6-リン酸に変わるときに1分

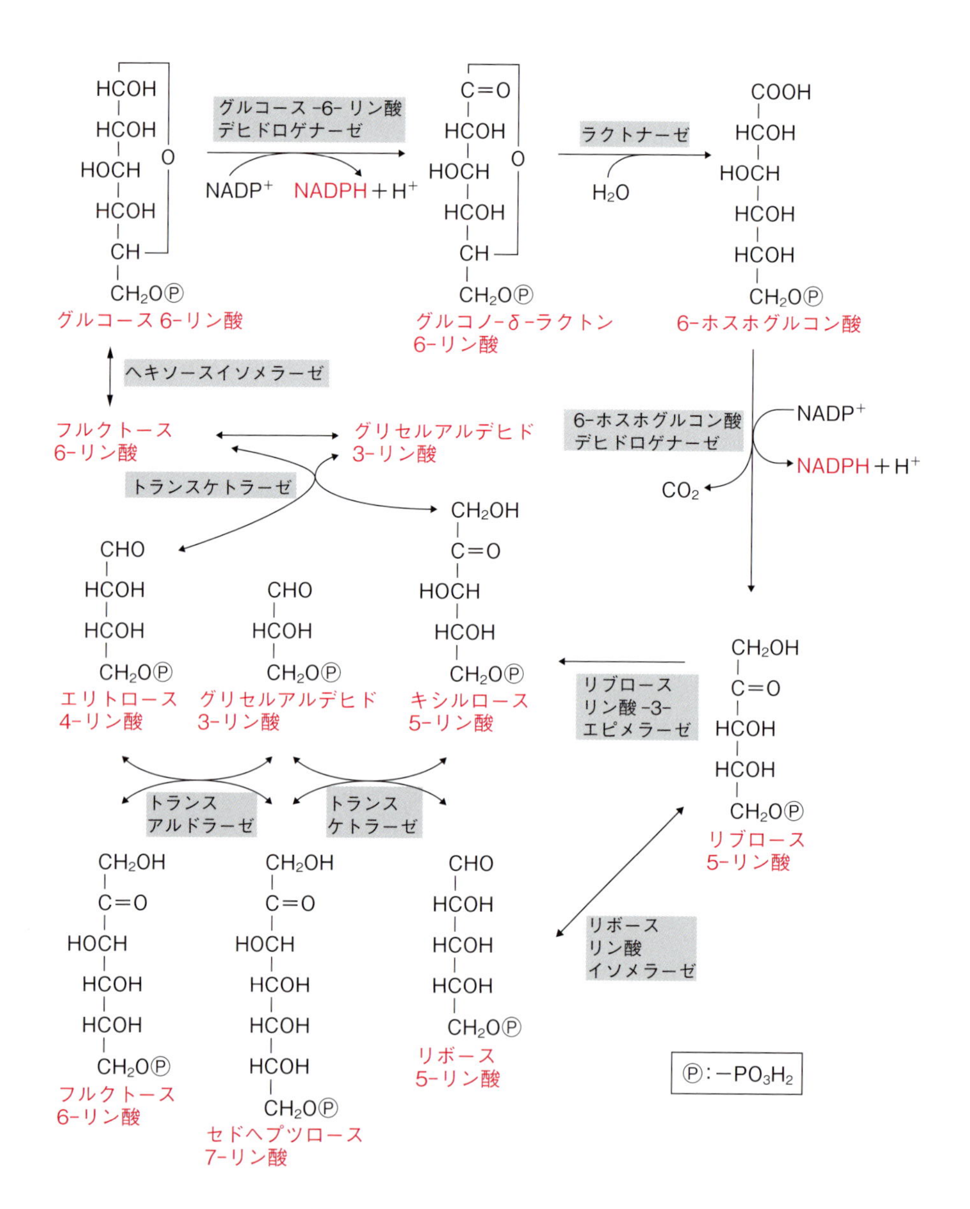

図5･18 ペントースリン酸回路
（有坂，2015より改変）

子のNADPHが生成される。次にこれが加水分解を受けて6-ホスホグルコン酸となり，さらにデヒドロゲナーゼにより脱水素されてリブロース5-リン酸となる。このときにも1分子のNADPHが生成される。ここから異性化酵素（イソメラーゼ）による反応と種々の転移反応を経て，同じく解糖系の中間代謝物であるグリセルアルデヒド3-リン酸やフルクトース6-リン酸へとつながり，ふたたびグルコース6-リン酸に戻る反応である。このペントースリン酸回路を1サイクル回ると，1分子のグルコース6-リン酸から1分子のCO_2と2分子のNADPHが生成される。

5･2･1 (3)　不飽和脂肪酸の合成

不飽和脂肪酸は，飽和脂肪酸が還元されることにより合成される。たとえば，飽和脂肪酸であるステアリン酸（**表2･3**（**p.26**）参照）がNADHにより還元されて，同じ炭素数の不飽和脂肪酸であるオレイン酸を生じる。これにはまず，ATPが消費されてステアリン酸が活性化されたステアロイルCoAに変換され，これにシトクロムb_5とNADHによってヒドロキシ基が付加され，それに引き続いて脱水反応が起こり，オレイルCoAが生成し，これが加水分解されることによりオレイン酸が生じる。

$$\text{ステアロイル CoA} + \text{NADH} + \text{H}^+ + \text{O}_2 \rightarrow \text{オレイル CoA} + \text{NAD}^+ + 2\text{H}_2\text{O}$$

高等動物は，二重結合を二つ以上もつリノール酸やリノレン酸を合成することができないため，これらは食物として摂取する必要がある（必須脂肪酸）。

5･2･1 (4)　トリアシルグリセロール（中性脂肪）の合成

脂肪酸からβ酸化によりエネルギーが取り出される際には，生体内でトリアシルグリセロールの状態で貯蔵されているものが，リパーゼによって分解され，遊離してくる脂肪酸が用いられるということだった（**図5･10**参照）。それでは，上記のように合成された脂肪酸からトリアシルグリセロールはどのようにして合成されるのだろうか？

まず，解糖系の中間代謝物であるジヒドロキシアセトンリン酸が，グリセロール3-リン酸脱水素酵素とNADHにより還元されてグリセロール3-リン酸を生じる。このグリセロール3-リン酸の1位と2位のヒドロキシ基に，脂肪酸が活性化されてアシルCoAとなったものからアシル基が転移してホスファチジン酸（PA）となる。このホスファチジン酸が合成されるまでの

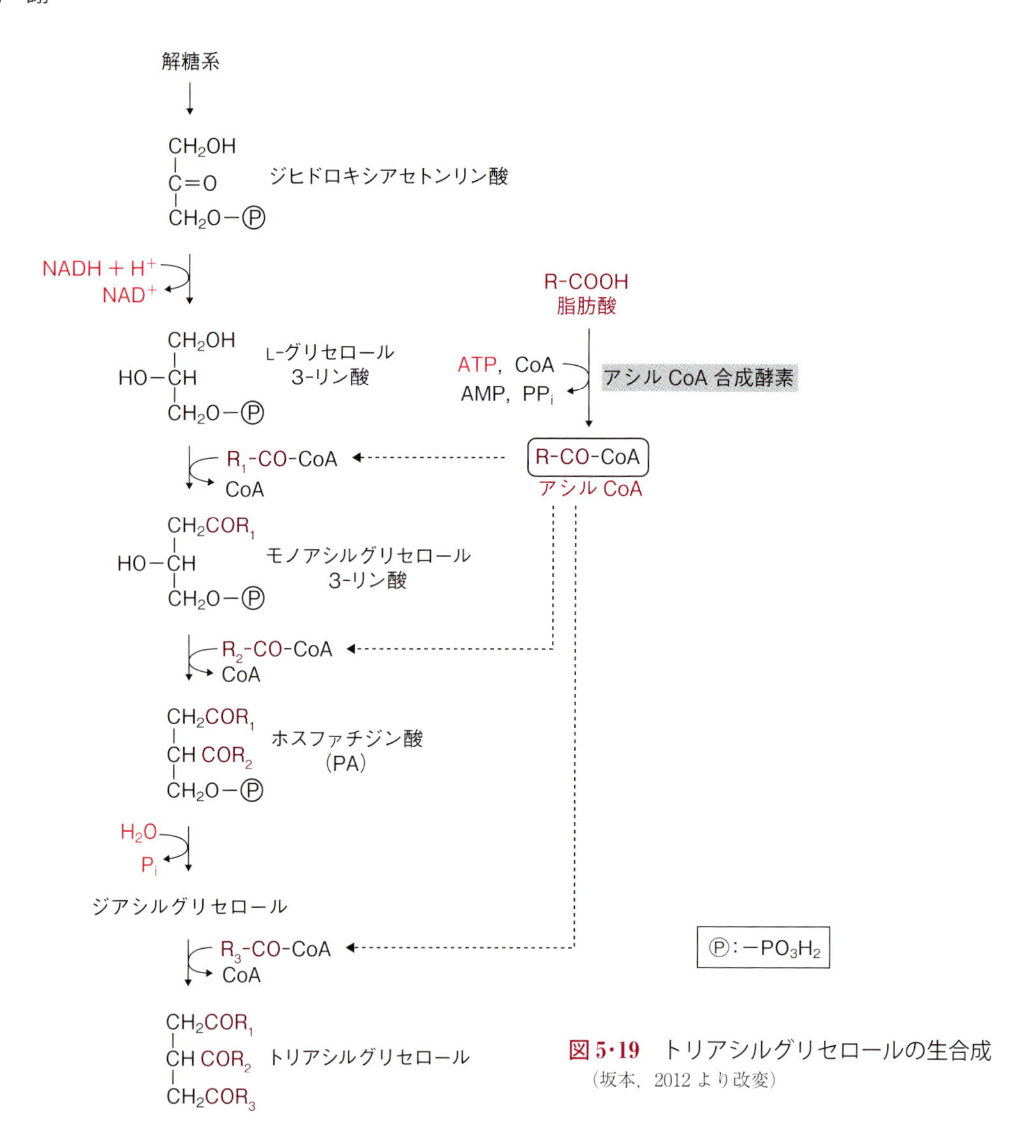

図 5·19 トリアシルグリセロールの生合成
(坂本, 2012 より改変)

経路は, トリアシルグリセロールだけではなく, リン脂質が生合成される経路と共通である。ホスファチジン酸は加水分解によってリン酸が除去され, その結果露出したヒドロキシ基にさらにアシル CoA からアシル基が転移することによりトリアシルグリセロールが生成される (図 5·19)。

5·2·2 糖新生

糖新生
gluconeogenesis

動物における神経組織や赤血球は, エネルギー源としてグルコースしか利用することができないため, これが不足したときに糖質以外の物質からグルコースを生成する**糖新生**とよばれる代謝経路が存在している (図 5·20)。

糖新生は基本的には解糖系の逆反応であるが, 解糖系の 10 段階の反応 (図

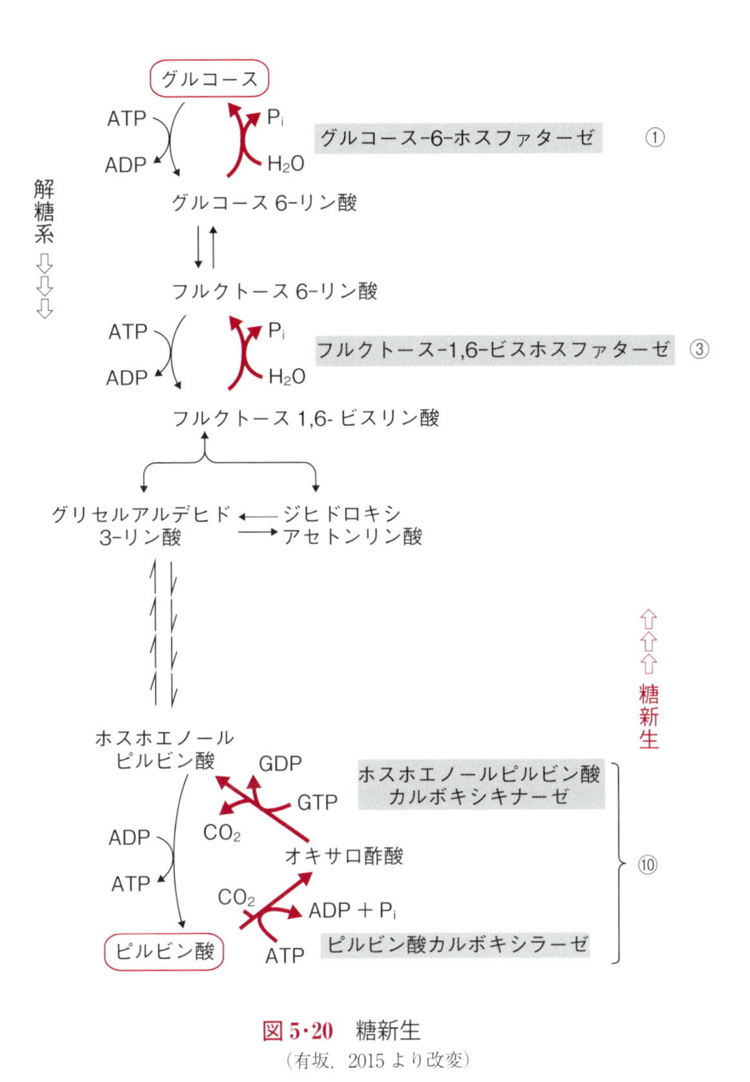

図 5･20　糖新生
（有坂，2015 より改変）

5･4：①～⑩ 参照）のうち，三つの反応（①，③，⑩）については不可逆反応であるため，糖新生ではこれらの反応を迂回する経路が使われる。

まず，解糖系⑩のピルビン酸からホスホエノールピルビン酸に戻す反応は，ピルビン酸カルボキシラーゼによりATPのエネルギーを使って，いったんオキサロ酢酸にされ，これがホスホエノールピルビン酸カルボキシキナーゼによりGTPのエネルギーを使ってホスホエノールピルビン酸にされる。解糖系におけるこの⑩の反応では，ホスホエノールピルビン酸1分子あたり1分子のATPが生成されるが，糖新生における逆反応では，ピルビン酸1分子あたり2分子のATPが消費されてホスホエノールピルビン酸に戻される。ホスホエノールピルビン酸から解糖系をさかのぼり，解糖系③のフルクトース 1,6- ビスリン酸からフルクトース 6- リン酸に戻す反応としてはフルクトース -1,6- ビスホスファターゼによる脱リン酸，解糖系①のグルコース 6- リン酸からグルコースに戻す反応としてはグルコース -6- ホスファターゼによる脱リン酸が行われる。解糖系⑦（**図 5･4** 参照）の可逆反応で消費されるATPを算入すると，ピルビン酸からグルコース1分子を生成するのに，6分子のNTP（4 ATP + 2 GTP）が必要となる。

糖新生を行うにはピルビン酸などの材料が必要なのだが，この材料の主な供給源として，アミノ酸，乳酸，グリセロールが挙げられる。それぞれの場合について見ていく。

① アミノ酸

グルコースが不足すると，体内のタンパク質（主に筋肉）を分解して得られるアミノ酸を材料として糖新生が行われる。タンパク質合成に使われる20種類のアミノ酸のうち，リシンとロイシン以外の18種類のアミノ酸を糖新生に利用することができる。このようなアミノ酸を**糖原性アミノ酸**という。

図5･21に示すように，糖原性アミノ酸がたどる経路はアミノ酸によって異なり，代謝を経てピルビン酸，あるいはオキサロ酢酸となり糖新生の経路

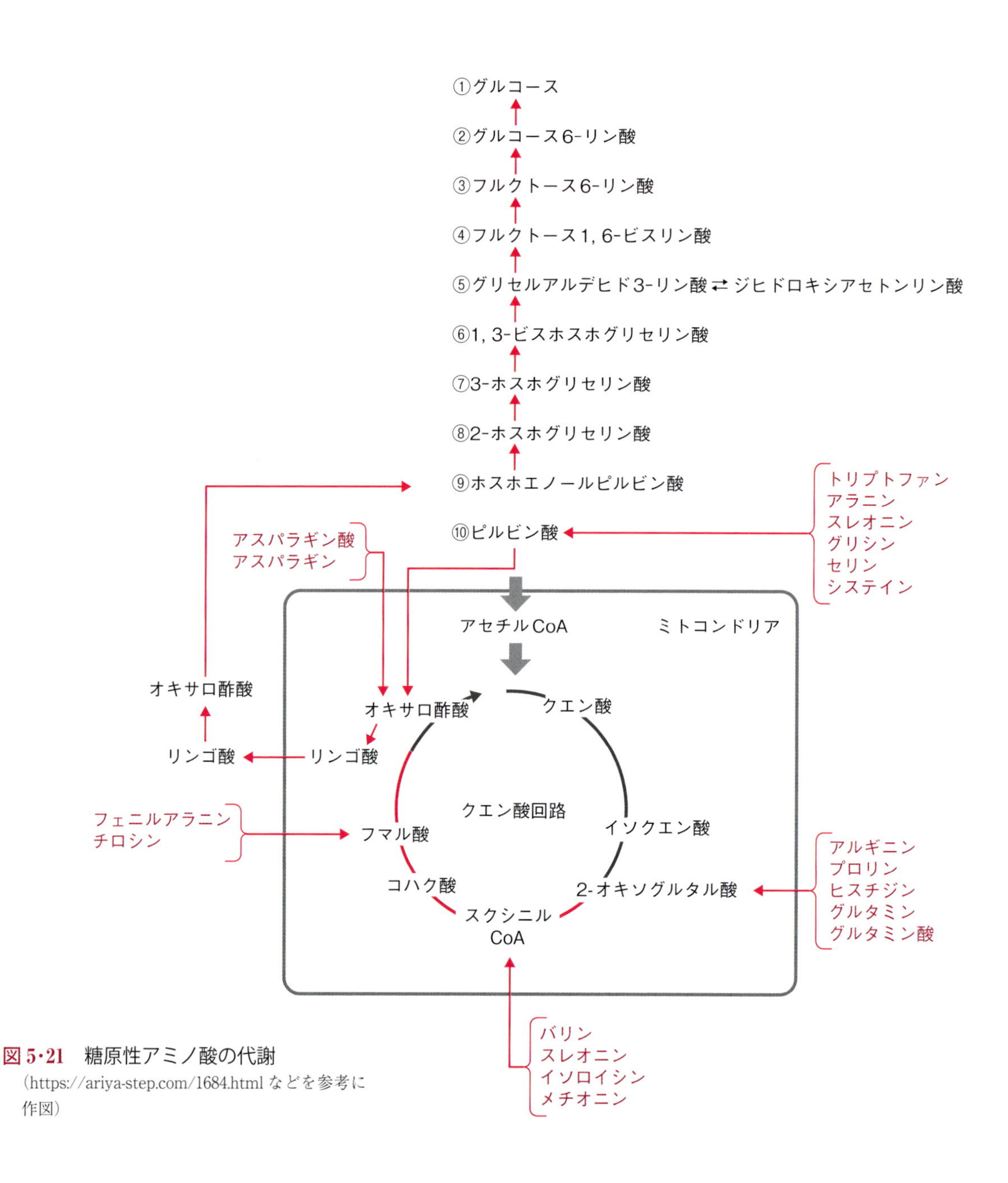

図5･21　糖原性アミノ酸の代謝
（https://ariya-step.com/1684.html などを参考に作図）

に入るもの，2- オキソグルタル酸，スクシニル CoA，あるいはフマル酸となってクエン酸回路に入り，リンゴ酸まで進んで糖新生の経路に入るものなどがある。

いわゆる肉食動物は，摂取する栄養がタンパク質と脂肪が中心となる。しかし，解糖系，クエン酸回路，呼吸鎖で ATP を合成するためにはグルコースが必要であるため，タンパク質を分解して得られるアミノ酸から糖新生を行ってグルコースを得ている。

② グリセロール

トリアシルグリセロール（中性脂肪）が分解されると，脂肪酸とグリセロールができる（**図 5･10** 参照）。このうち脂肪酸からは，**5･1･4 項**で述べたように β 酸化により ATP が産生されるが，グリセロールの方は糖新生の材料となる。グリセロールは肝臓に運ばれ，グリセロール 3- リン酸を経てジヒドロキシアセトンリン酸にされ，糖新生の経路（**図 5･20**，**図 5･4** の⑤ 参照）に入ってグルコースにされる。

③ 乳　酸

乳酸は，筋肉で糖が大量に必要となる際に糖新生によりグルコースにされる。筋肉では激しい運動などにより急激に多くの酸素が消費されると，一時的に嫌気的条件となり，解糖系により生じたピルビン酸がクエン酸回路に入れず乳酸となる。乳酸は血流により筋肉から肝臓に運ばれて乳酸脱水素酵素によりピルビン酸にされて糖新生の経路に入りグルコースにされる。

コラム 5･2　オリゴ糖

糖には，単糖類，二糖類，多糖類のほかにも，オリゴ糖に分類されるものがある。「オリゴ」とはギリシア語で「少数」を意味する言葉であることから少糖類ともよばれ，上限は 10 糖くらいまでのものを指すことが多い。では，下限はどれくらいなのかというと明確な定義はなく，通常は三糖以上とする場合が多いが，二糖以上とされる場合もある。オリゴ糖には腸内善玉菌を増やす効果が確認されており，健康食品に用いられる。

で，二糖類を分解する酵素はエンド型とエキソ型のどちらなのかについての話だが，スクロース，ラクトース，マルトースなどの二糖類をそれぞれ単糖に分解する場合，切断される可能性のある箇所は一つしかないため，エンド型とエキソ型の区別はなく，また区別する必要もない。つまり，エンド型とエキソ型というのは，高分子のものを分解する酵素の分類である。

5・3 光合成

光合成
photosynthesis

地球には，太陽から毎分約 2 cal/cm^2 に相当するエネルギーが降りそそいでいる。光合成細菌やシアノバクテリア，そして植物が行う光合成は，この太陽からの光のエネルギーを化学エネルギー（ATP）に変換するのと同時に，そのエネルギーを使って糖類を合成して貯蔵する。糖類の合成では，大気中の二酸化炭素 CO_2 に含まれる炭素原子 C を取り込んで有機化合物とするため，これを**二酸化炭素固定**（**炭素固定**，あるいは**炭酸固定**ともいう）という。地球上のほぼすべての生物は，もとをたどるとこの光合成による産物に依存して生きている。

生物が行う光合成には，緑色植物などが行う酸素発生型のものと，光合成細菌が行う酸素非発生型のものがあるが，ここでは，緑色植物の葉緑体で行われる酸素発生型の光合成を例にとり，そのしくみについて述べる。

5・3・1 葉緑体における光合成

緑色植物における光合成は，植物細胞内の細胞小器官の一つである葉緑体で行われる。葉緑体はミトコンドリアと同じように外膜と内膜の二重の生体膜からなり，内膜で囲まれた領域に，さらに**チラコイド膜**とよばれる生体膜によって囲まれた扁平な袋状の小胞（チラコイドという）がある。内膜の内部でチラコイドを取り囲む液相の領域を**ストロマ**という（図 5・22）。

光合成での反応は二つに大別される。一つは，チラコイド膜で光のエネルギーを使って ATP と NADPH を合成する**光化学反応**とよばれる過程と，もう一つが，この合成された ATP と NADPH を使って，ストロマで**カルビン・**

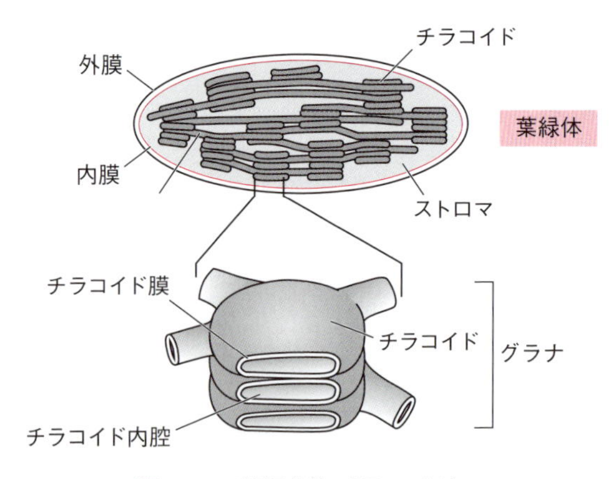

図 5・22 葉緑体とチラコイド

ベンソン回路とよばれる一連の反応により空気中の二酸化炭素から糖類を合成する過程である。

5･3･2 光化学反応

チラコイド膜には，光化学反応を担う光化学系Iタンパク質複合体，光化学系IIタンパク質複合体，シトクロム b_6f 複合体，およびF型ATP合成酵素という四つのタンパク質複合体が存在している。光化学系I，IIタンパク質複合体中には，それぞれ光を捕集する光合成色素が多種類組み込まれている。中心となる色素は**クロロフィル類**であり，その構造はマグネシウムを含んだテトラピロールで，その側鎖が種類によって異なっている（**図5･23**）。この反応では光を必要とするため**明反応**ともよばれる。

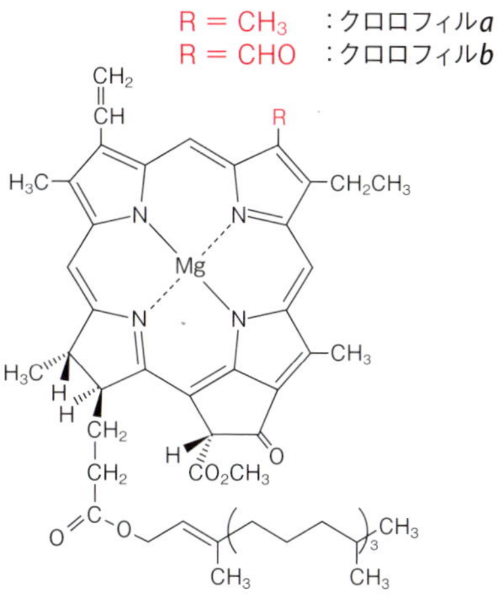

R = CH_3 ：クロロフィル*a*
R = CHO ：クロロフィル*b*

図5･23 クロロフィルの構造

光化学系タンパク質複合体中のクロロフィルが光を吸収して励起されると，その励起状態は次々と複合体内のクロロフィル間を移動する。最終的に励起状態は，タンパク質複合体の中央部に位置する反応中心の**クロロフィル *a***に移動する。

励起状態にあるクロロフィル *a* は，他に電子を与えやすく（つまり強い還元力をもつ），ここから電子が飛び出すとクロロフィル a^+ を生じる。電子が飛び出した後のクロロフィル a^+ には，どこかから電子が供給されて元のクロロフィル *a* の状態に戻らなければ，ふたたび励起状態になることができない。そのため，電子を失ったクロロフィル a^+ の状態は，他から電子を奪いやすい（つまり強い酸化力をもつ）。

光化学反応における電子の移動は，横方向に電子伝達，縦方向に酸化還元電位（エネルギーポテンシャル）をとった**Zスキーム**とよばれる図で表され，図で上にある物質ほど還元力が強く（つまり電子を与えやすく），下にある物質ほど酸化力が強いことを示している（**図5･24**）。たとえば，光化学系IIのP680（光化学系IIに含まれるクロロフィル *a* のこと）とよばれる反応中心で生じる $P680^+$（クロロフィル a^+）は水から電子を奪う強い酸化力をもち，光化学系IのP700（光化学系Iに含まれるクロロフィル *a* のこと）とよば

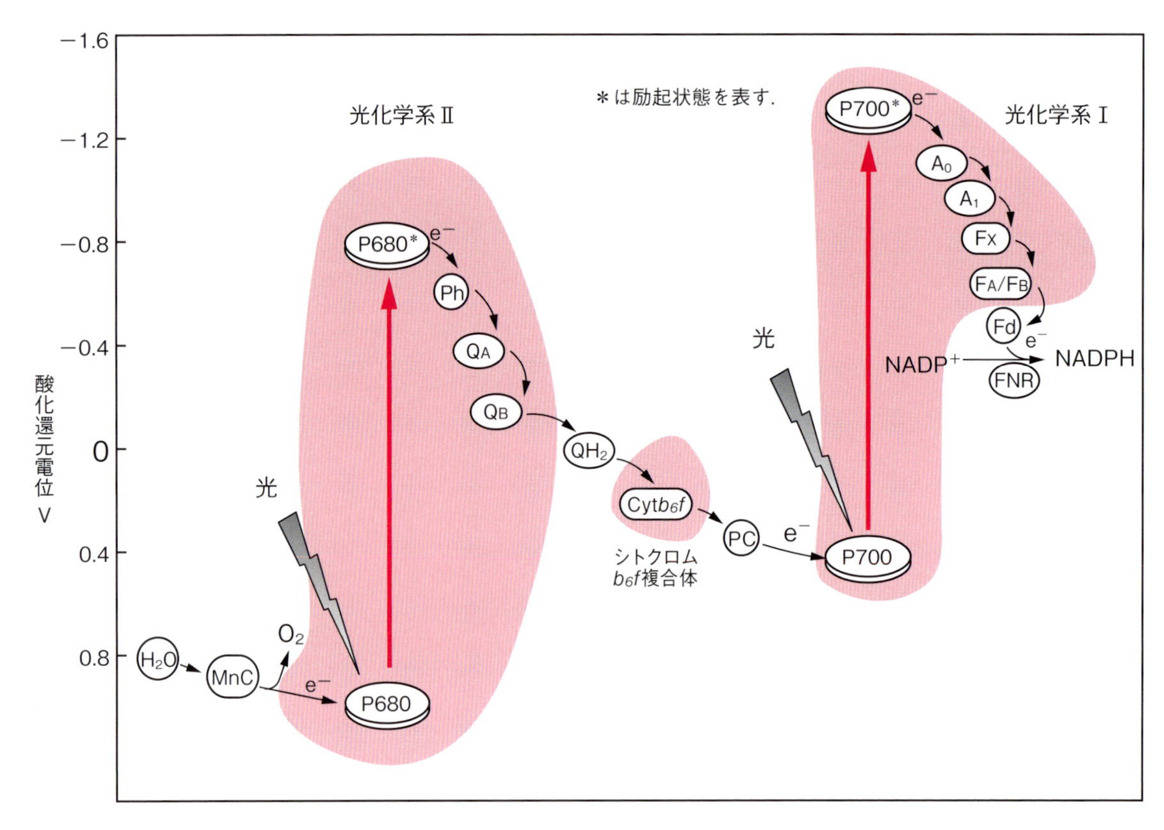

図 5･24 光化学反応における電子伝達（Z スキーム）
（有坂，2015 より改変）

れる反応中心の励起状態 P700＊（励起状態のクロロフィル *a*）は，$NADP^+$ を還元するのに充分な還元力をもつ。光合成で利用される可視光のエネルギーはそれほど高いものではないのだが，光化学系 II と I で 2 段階の励起を行うことで，高いエネルギーポテンシャル（**図 5･24** の縦方向に高い位置）が獲得される。

まず，光化学系 II の反応中心 P680 が励起された P680＊から電子が飛び出して $P680^+$ を生じ，その強い酸化力によって H_2O から電子を奪って（直接電子を奪うのはマンガンクラスター MnC），O_2 を放出し，チラコイド内腔側に H^+ を生じる（$2H_2O \rightarrow 4H^+ + 4e^- + O_2$）。P680＊から飛び出した電子は，光化学系 II 複合体中のフェオフィチン（Ph），プラストキノン（Q_A，Q_B）から，プラストキノール（QH_2）を経由してシトクロム b_6f 複合体に渡され，この複合体中の Fe･S クラスター（FeS）から，プラストシアニン（PC）を経由して光化学系 I に渡される。このときシトクロム b_6f 複合体では，反応に共役してストロマ側からチラコイド内腔側に H^+ が送り込まれる。

光化学系 I では，反応中心 P700 が励起された P700＊から生じた $P700^+$ が，

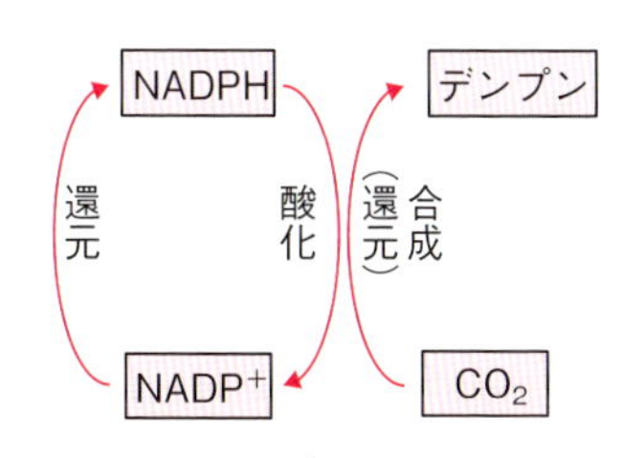

図 5·25　NADP$^+$が取り持つ反応

上記の光化学系 II からやってきた電子を受けとって還元され，励起状態にある P700 * から飛び出した電子が，光化学系 I 複合体中の Fe・S クラスター X（F_X），Fe・S クラスター A, B（F_A/F_B）などを経由してフェレドキシン（Fd）に渡され，NADP 還元酵素（FNR）により，NADP$^+$が還元されて NADPH を生じる（NADP$^+$ + H$^+$ + 2e$^-$ → NADPH）。呼吸鎖では電子のやりとりを NADH が仲介していたが，光合成では NADPH が用いられる（**図 5·25**）。

この一連の過程でチラコイド内腔側に H$^+$が蓄積することになり，その結果，チラコイド膜を介した H$^+$の濃度差――電気化学的勾配が形成される。この電気化学的勾配にしたがって H$^+$がストロマ側に移動するのに伴い，F 型 ATP 合成酵素が ATP を合成する（**図 5·26**）。

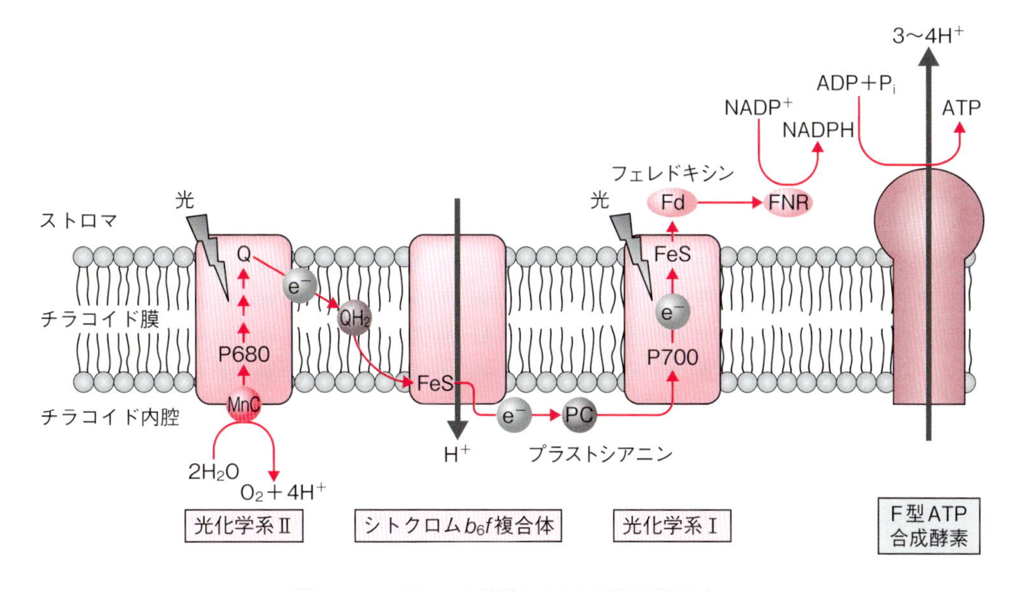

図 5·26　チラコイド膜における光化学反応

このように光化学反応においても，光のエネルギーを使って H$^+$がチラコイド内腔側に集められ，その結果形成される電気化学的勾配により F 型 ATP 合成酵素が ATP を合成するという点では，ミトコンドリアの呼吸鎖における ATP 産生と似ている。実際，シトクロム b_6f は呼吸鎖のシトクロム bc_1 と相同であり，ATP 合成酵素も呼吸鎖の F 型 ATP 合成酵素とよく似ている。ミトコンドリア呼吸鎖での ATP 合成を酸化的リン酸化というのに対して，この光化学反応による ATP（および NADPH）産生を**光リン酸**

光リン酸化
photophosphorylation

化という。

5·3·3 二酸化炭素の固定

ストロマにおいては，光化学反応により得られたATPのエネルギーとNADPHの還元力をもちいて，大気中から取り込んだ二酸化炭素CO_2をカルビン・ベンソン回路により糖に変換する。これは光合成反応の一部ではあるものの，すべての過程で光を必要としないため，**暗反応**ともよばれる（**図5·27**）。

最初にCO_2と反応するのはリブロース1,5-ビスリン酸で，リブロース-1,5-ビスリン酸カルボキシラーゼ／オキシゲナーゼ（RuBisCO：ルビスコ）の作用により，CO_2を取り込んだリブロース1,5-ビスリン酸は開裂して2分子の3-ホスホグリセリン酸を生じる。3-ホスホグリセリン酸は，ATPによりさらにリン酸化されたのち，NADPHにより還元されて2分子の三炭糖リン

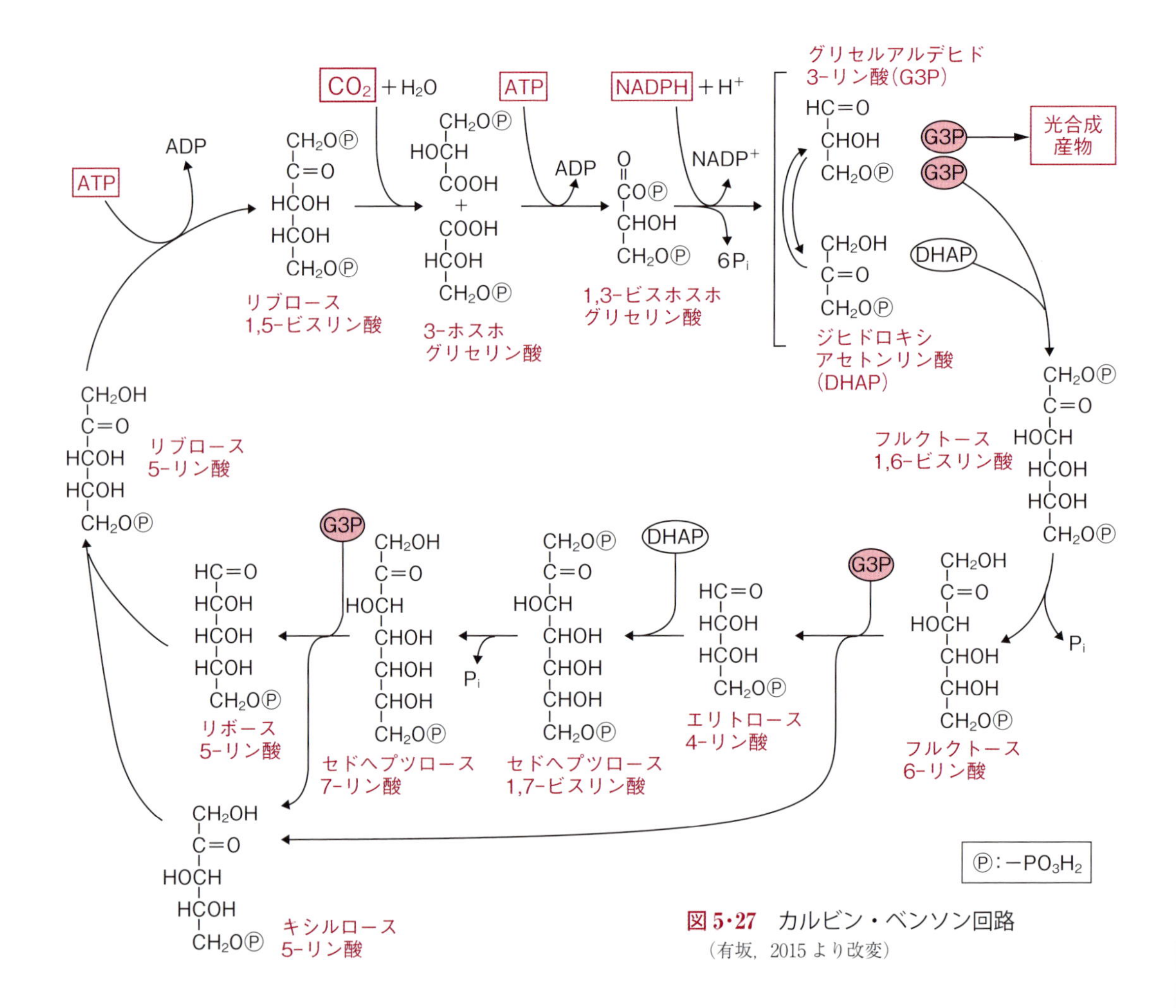

図5·27 カルビン・ベンソン回路

（有坂，2015より改変）

酸（グリセルアルデヒド 3- リン酸とジヒドロキシアセトンリン酸）が生成される。

このうち，グリセルアルデヒド 3- リン酸（G3P）は糖新生系に入りフルクトース 6- リン酸とグルコース 1- リン酸となる。グルコース 1- リン酸は糖ヌクレオチドの UDP- グルコースとなって多糖（デンプンやセルロース）の原料となり，またその一部はフルクトース 6- リン酸と結合してスクロース（ショ糖）となる。植物では，糖が細胞間をこのスクロースの形でやりとりされる。

途中で生成された三炭糖リン酸の一部は，フルクトース 1,6- ビスリン酸から始まる**図 5·27** の下半分の経路を経てリブロース 1,5- ビスリン酸に再生されて，ふたたび CO_2 の固定反応に使用される。

この一連の反応で 1 分子の CO_2 を固定するのに，3 分子の ATP と 2 分子の NADPH が消費される。

コラム 5·3　光合成で生きるには

すでに述べたように，太陽からの光のエネルギーを使って，水と空気中の二酸化炭素から ATP とデンプン（糖）を合成するしくみである。このしくみはどうして植物だけ（厳密には一部の細菌も持つが）が持っているものなのか。なぜ動物にはこれがないのか（例外あり）？　もし，人間が持っていたらなにも食べないで水を飲むだけで生きていけるのだろうか？

人間が活動するだけのエネルギーを光合成でまかなうとしたら，最低でも 5 メートル四方の葉っぱを背負う必要があるという試算がある。和室でいうと約 15 畳分である。こんなちょっとしたリビングルームくらいの広さの葉っぱを背負って暮らすのは現実的ではない。しかもこれはずっと晴天の場合の試算である。植物がこのしくみで生きていけるのは，植物が動かないからであって，つまりそれほどエネルギーを必要としないからだ。

光合成を人工的に行う技術を開発すれば，太陽光からエネルギーを半永久的につくりだすことができ，しかも二酸化炭素の排出を抑えられるのではないか。しかし，このときつくり出されるのは電力などではなく，ATP とデンプンである。それなら，普通に植物を栽培する方が簡単ではないだろうか。

C_3 植物，C_4 植物，CAM 植物

上記のように，取り込んだ CO_2 を結合して 3- ホスホグリセリン酸を生じ，ここから**三炭糖**のグリセルアルデヒド 3- リン酸を生じるカルビン・ベンソン回路のみにより炭素固定を行っているものを **C_3 植物**という。

これに対して，取り込んだ CO_2 をいったん三炭糖のホスホエノールピルビン酸に結合して**四炭糖**のオキサロ酢酸を生じる反応を行う植物があり，こ

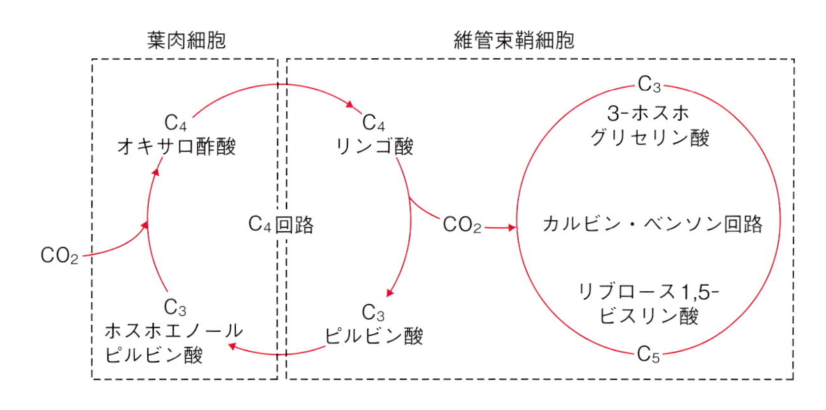

図 5・28 C_4 植物の二酸化炭素固定のしくみ

れを **C_4 植物**という。オキサロ酢酸はリンゴ酸やアスパラギン酸（どちらも有機酸）に変えられ，これらの有機酸は維管束（葉脈）のまわりを囲む維管束鞘細胞に運ばれ，そこで脱炭酸反応により CO_2 を生じ，この CO_2 はカルビン・ベンソン回路により再固定される（**図 5・28**）。

CO_2 の固定を行う酵素 RuBisCO は，そのオキシゲナーゼ活性により CO_2 に加えて O_2 とも反応する。CO_2 と反応した場合には炭素固定が行われるのだが，O_2 と反応した場合は光呼吸という経路がはたらいて糖が消費されてしまう。CO_2 と O_2 のどちらと反応するかは両者の濃度比に影響され，濃度が高い方と反応しやすい。そのため，C_4 植物では上記の脱炭酸反応により RuBisCO 付近の CO_2 の濃度が高く保たれるため CO_2 と優先的に反応することになり，光呼吸によるエネルギー損失が抑えられる。

乾燥した環境では葉の気孔が閉じ気味になり（つまり CO_2 の取り込みが制限され），ここに高温，強光という条件が加われば光合成反応が促進される（つまり CO_2 が急激に消費される）。このような環境では，C_3 植物の葉の内部の CO_2 濃度は低くなってしまうのに対して，C_4 植物ではこれが避けられるため光合成速度が落ちない。

CAM 植物
crassulacean acid metabolism plant

さらに，砂漠のような水分が慢性的に不足している環境には，**CAM 植物**とよばれる乾燥地に適応した光合成を行う植物がいる。極度な乾燥地では，昼間に気孔を開けると蒸散により大量の水分を失ってしまうため，CAM 植物は夜間にのみ気孔を開けて CO_2 を取り込み，C_4 植物と同じようにオキサロ酢酸を経てリンゴ酸として固定する。昼間は気孔が閉じているため，リンゴ酸から脱炭酸反応により生じた CO_2 により葉内の CO_2 濃度が高まり，これをカルビン・ベンソン回路により再固定している。これは C_4 植物が行う光合成とほぼ同じなのだが，C_4 植物では葉肉細胞で CO_2 を取り込み，カルビン・ベンソン回路によるCO_2固定は別の維管束鞘細胞で行っているのに対して，CAM植物では同じ細胞が昼間と夜間とで反応を切り換えている。

サボテンに代表される多肉植物は，これを明け方に噛むと酸っぱい味がするのに対して，昼間に噛むと酸っぱさがなくなることが昔から知られている。これは，夜間にCO_2固定を行って生じたオキサロ酢酸がリンゴ酸に変えられ，これを液胞内に蓄積しているためである。一つの植物につき一つの光合成システムというわけではなく，たとえば湿潤な季節にはC_3型の光合成を行い，乾燥する季節にはCAM型の光合成に切り換える植物もある。

5・4　窒素固定

生物をつくる重要な物質であるタンパク質や核酸には窒素が含まれているが，この窒素の由来は，もとをたどれば大気中の窒素ガスである。二酸化炭素固定と同様に，大気中の窒素ガスN_2から窒素原子Nを取り込んで窒素化合物とすることを**窒素固定**という。

ところが，窒素ガスは不活性ガスとよばれるくらい反応性の低い気体であるため，化合物をつくりにくく，ほとんどの生物は大気中の窒素ガスを直接取り込んで利用することができない。自然界では，まず**窒素固定細菌**によって**アンモニウムイオン**，**亜硝酸イオン**，**硝酸イオン**などの無機態窒素として固定され，それらが植物に取り込まれて**アミノ酸**となり，これをさまざまな生物が利用する。たとえば，マメ科植物の根に共生する**根粒菌**は，空気中の窒素を固定して植物へ供給し，植物は光合成による産物を根粒菌へ供給するという共生関係がなりたっている。

窒素固定能をもつ細菌は，以下のような反応を触媒するニトロゲナーゼにより，大気中の窒素をアンモニアに変換する。

$$N_2 + 8H^+ + 8e^- + 16ATP \rightarrow 2NH_3 + H_2 + 16ADP + 16P_i$$

この反応により生成されてきたアンモニア（NH_3）はアンモニウムイオン（NH_4^+）となり，これが植物の根から吸収されてアミノ酸などの合成に使われる。あるいは，このアンモニアは硝化細菌の一種である亜硝酸細菌により，以下のように亜硝酸イオン（NO_2^-）に変換される。

$$2NH_4^+ + 3O_2 \rightarrow 2NO_2^- + 4H^+ + 2H_2O$$

また，この亜硝酸イオンは，硝化細菌の別の一種である硝酸細菌により，以下のように硝酸イオン（NO_3^-）に変換される。

$$2NO_2^- + O_2 \rightarrow 2NO_3^-$$

亜硝酸細菌や硝酸細菌は，これらの反応（無機物の酸化反応）から化学エネルギーを取り出し，そのエネルギーを用いてATPやNADPHを合成する。また，これらの硝化細菌はカルビン・ベンソン回路をもっており，これで二酸化炭素固定を行う。

植物は，硝化細菌によって生成された亜硝酸イオンや硝酸イオンを根から吸収し，植物体の中でふたたびアンモニアに還元してアミノ酸などの合成に使う。

コラム 5·4 もう一つの窒素供給源

同じ土壌でくり返し植物を育てると，特定の栄養素が不足してくる。それを補うために肥料が与えられるのだが，肥料の三大要素とされているのが，窒素，リン，カリウムである。つまり，植物の成長には多量の窒素が必要とされる。

すでに述べたように，自然界における窒素固定は，窒素固定細菌によるところが大きい。しかし，実はこれ以外にも自然現象により窒素が固定される場面がある。それが雷による放電だ。

古来より，雷の多い年は豊作になるとか，雷が落ちた田んぼでは稲がよく育つ，というような言い伝えがある。これは，雷による放電により，空気中の窒素が酸素と結びついて窒素酸化物となり，これが雨に溶けて地表に供給されるからである。そう考えると，「稲妻」という言葉も納得がいく。まさに天の恵みといえる。

この章のまとめ

- 細胞内の代謝は，エネルギー変換と物質変換の両面がある。物質は循環し，エネルギーは一方向に流れる。
- ATPは「生体エネルギー通貨」として機能する。
- 糖であるグルコースは，ATPを合成するためのエネルギー源として利用され，動物ではグリコーゲン，植物ではデンプンの形態で貯蔵される。
- 生体内におけるATPの合成には，キナーゼを用いる方式と，特定の生体膜に局在するATP合成酵素を用いる方式がある。
- 解糖系では，キナーゼが基質のもつリン酸基をADPに転移してATPを合成する。この一連の反応では酸素を必要としない。
- 呼吸では，主としてクエン酸回路の脱水素酵素により還元力をもつNADHまたは$FADH_2$が生成され，これが呼吸鎖を介して酸素と反応する。この反応に共役してミトコンドリア膜の片側にH^+が輸送され，H^+の電気化学的勾配が形成される。これを利用して，F型ATP合成酵素がATPを合成する。
- 光合成は，光エネルギーを有機物（糖およびATP）のもつ化学エネルギーとして固定する反応である。
- 光エネルギーにより引き起こされるクロロフィルaの光化学反応が強い還元力と酸化力を生み出し，

これにより電子伝達系が駆動して水を酸化分解し，$NADP^+$を還元する。これと共役してチラコイド膜の片側にH^+が輸送され，H^+の電気化学的勾配が形成される。これを利用してF型ATP合成酵素がATPを合成する。

◇ カルビン・ベンソン回路では，光化学反応によって得られたATPのエネルギーとNADPHの還元力が用いられて，RuBisCOによりCO_2が固定され糖（デンプン）がつくられる。

◇ 生物をつくる主要な元素の一つである窒素は生態系のなかで循環しており，多くの生物にとっての窒素源は，窒素固定細菌により固定された無機態窒素が元となっている。

6章 酵素反応速度論

ここまでの各章で述べてきたように，生物をつくる細胞内ではさまざまな生体物質の合成，遺伝情報の保持と複製，エネルギー貯蔵物質からエネルギー供給物質への変換，そしてエネルギー供給物質の利用など，さまざまな化学反応が行われている。そして，これらの化学反応のほぼすべてが，多様な酵素タンパク質による酵素反応である。酵素反応は特異性が高く，副反応はほぼないといってよい。酵素は触媒として機能するが，化学実験や工業的に用いられる非生物触媒とは異なる特性をもつため，通常の化学反応を扱う反応速度論をベースにした，酵素反応に特化した方法により解析が行われる。

この章では，ミカエリス・メンテン型とよばれる典型的な酵素反応について述べ，その解析の方法について解説する。

6・1 酵素の分類

酵素 enzyme

酵素反応の研究の歴史は古い。最初に発見された**酵素**は，デンプンを分解する消化酵素のアミラーゼであろう。1833年，ペイアン（A. Payen）とペルソ（J. Persoz）は，麦芽抽出液中に含まれる熱に不安定な物質が，デンプンの加水分解を促進することを見いだし，この抽出液のことをギリシア語で「切り離す」という意味をもつジアスターゼと名付けた。これは粗精製されたアミラーゼであった。

また，酵素がタンパク質であることが判明したのは，1926年にサムナー（J.B. Sumner）が生体高分子としては初めてウレアーゼの結晶化に成功してからである。酵素反応の速度論的な取り扱いは，1902年にアンリ（V. Henri）が最初に速度に対する基質濃度依存性を説明する速度式を導出したが，11年後にミカエリス（L. Michaelis）とメンテン（M.L. Menten）により再発見されるまでは注目されなかった。今日では，この速度式をミカエリス・メンテンの式とよんでいる。

生体内においてさまざまな化学反応を触媒する酵素は，反応の種類によって次の6種類に分類されている。

① 酸化還元酵素（オキシドレダクターゼ）

酸化還元を触媒する酵素群で，デヒドロゲナーゼ（脱水素酵素），オキシダーゼ（酸化酵素），オキシゲナーゼ（酸素添加酵素），レダクターゼ（還元酵素）などがある。

たとえば，脱水素酵素であるデヒドロゲナーゼは，NAD^+または$NADP^+$を補酵素として次のような水素の授受を行う。

$$AH_2 + NAD(P)^+ \rightleftarrows A + NAD(P)H + H^+$$

アルコールを脱水素するアルコールデヒドロゲナーゼでは，AH_2がアルコール，A がケトンに対応する。過酸化水素の分解を触媒するカタラーゼも酸化還元酵素の一つである。

② 転移酵素（トランスフェラーゼ）

分子の一部を別の分子に転移する反応を触媒する酵素群で，キナーゼ（ATP を使ってリン酸化する酵素），アミノトランスフェラーゼなどがあり，ヌクレオチドを連結していく DNA ポリメラーゼ，RNA ポリメラーゼもこれに含まれる。

たとえば，アミノ基を転移するトランスアミナーゼは，あるアミノ酸を該当するケト酸にするのと同時に，他のケト酸をそれに対応するアミノ酸に変える。この一種であるアスパラギン酸アミノトランスフェラーゼは，アスパラギン酸のアミノ基を 2- オキソグルタル酸に転移してグルタミン酸にする酵素で，アスパラギン酸の方はオキサロ酢酸になる。

③ 加水分解酵素（ヒドラーゼ）

加水分解反応を触媒する酵素群で，多糖類（デンプン，グリコーゲン，セルロースなど）を分解するグリコシダーゼや，タンパク質を分解するペプチダーゼ（プロテアーゼ），核酸のリン酸エステル結合を切断するエステラーゼなどがある。

たとえば，アミラーゼやトリプシン，リパーゼなどの消化酵素は加水分解酵素の大部分を占めている。特定の DNA 配列を認識して切断する制限酵素や，真正細菌の細胞壁を分解するリゾチームもこれに含まれる。

④ 付加脱離酵素（リアーゼ）

非加水分解的に分子の一部の脱離，またはその逆の付加反応を触媒する酵素群で，デヒドラターゼ（脱水酵素）やデカルボキシラーゼ（脱炭酸酵素）

などがある。

たとえば，糖新生の第一段階で作用するホスホエノールピルビン酸カルボキシキナーゼ（**図 5·20（p.103）参照**）は，条件が整えば逆反応を行うこともでき，ホスホエノールピルビン酸がもつ高エネルギー結合のリン酸を GDP に転移して GTP を生成するのと同時に，炭酸イオンを結合してオキサロ酢酸と無機リン酸を生成する。

⑤ 異性化酵素（イソメラーゼ）

分子の一部の分子内転位反応（つまり異性化反応）を触媒する酵素群で，ラセマーゼ（ラセミ化酵素），エピメラーゼ，ムターゼ（分子内転移酵素）などがある。

たとえば，糖のケトース ⇄ アルドースや，グルコース 1- リン酸 ⇄ グルコース 6- リン酸の転化反応を行う酵素はこれに含まれ，他にもグルコースをフルクトースに変えるグルコースイソメラーゼなどがある。

⑥ 連結酵素（リガーゼ）

ATP や GTP などの高エネルギーリン酸結合が切断されるときに放出されるエネルギーを用いて，2 種類の基質の縮合反応を触媒する酵素群で，アミノアシル tRNA 合成酵素，ペプチドシンテターゼ，DNA リガーゼなどがある。

たとえば，DNA リガーゼは DNA 断片の 3′ の OH 基と，もう一方の断片の 5′ のリン酸とを，ATP のエネルギーを用いてリン酸ジエステル結合でつなぐ酵素であり，またアシル CoA シンテターゼは，脂肪酸と CoA とを ATP のエネルギーを用いてエステル結合でつなぐ酵素である。

すべての酵素は，さらに反応が細分化されて 4 種の番号（**EC 番号**という）が割り振られていて，この EC 番号から酵素の活性がわかるように分類されている。たとえば，アルコールデヒドロゲナーゼは，エチルアルコールを酸化してアセトアルデヒドにする反応を触媒する酵素で，EC 番号による分類では，E.C.1.1.1.1 とされる。最初の番号の 1 が上記六つの分類のうち酸化還元酵素であることを示し，2 番目の 1 は -CHOH を水素供与体として利用するもの，3 番目の 1 は NAD^+ または $NADP^+$ を補酵素として利用するもの，最後の 1 はその中の 1 番目であることを示している。

6･2　反応速度論の予備知識

化学反応における反応速度論とは，反応に関与する物質の量（濃度として扱う場合が多い）を時間軸に対して解析するものである。そこで，この物質量と時間との関係を式に表してみよう。

反応物を A，生成物を P としたとき，

$$A \longrightarrow P$$

と表される化学反応では，反応の進行（時間の経過）に伴い**反応物 A** が減少し，その分だけ**生成物 P** が増加する。反応物 A，あるいは生成物 P の濃度（それぞれ **[A]**，**[P]** と表す）の単位時間あたりの変化量を表したものが**反応速度**である。

たとえば，上記のように反応物 A から等モルの生成物 P に変化する場合，1 秒間につき（＝単位時間あたり）0.2 mol・L^{-1} の反応物が生成物に変化する場合の反応速度 v は，

$$v = -\frac{\text{A の変化量}}{1\text{秒}} = \frac{\text{P の変化量}}{1\text{秒}} = 0.2\,\text{mol} \cdot \text{L}^{-1} \cdot \text{sec}^{-1}$$

と表される。反応物 A と生成物 P の増減は連動しているため，どちらを観察しても速度 v は同じ値となるが，測定がしやすいことから反応物 A の減少を考えることの方が多い。

しかし，反応開始から終了まで常に同じ速度で反応が進むとは限らない。たとえば，同じ　A → P　という反応でも，時間 t = 0 のとき反応物 A しかなく，濃度 $[A]_0$（= A の初濃度）で反応をスタートさせたときの A の濃度 [A] と，時間 t との関係をグラフにすると**図 6･1** のようになる反応がある。

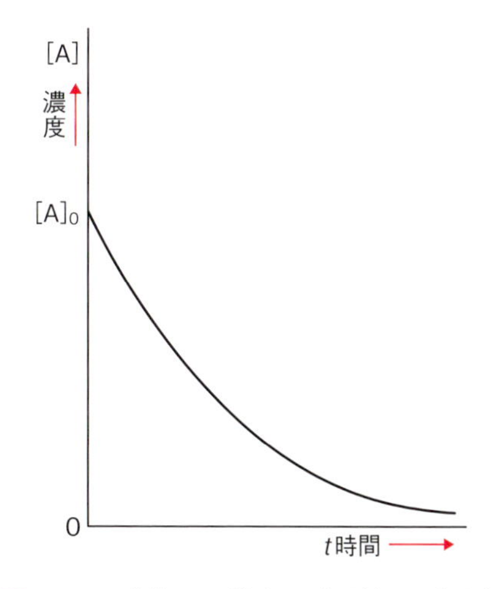

図 6･1　反応物 A の濃度の時間軸への観測

単位時間あたりの A の変化量（ここでは A の濃度変化）が反応速度ということなのだが，この反応では時間の経過に伴い反応物である A が生成物 P に変化していくため，A

の濃度は徐々に下がっていく。そのため，Aの単位時間あたりの変化量も刻々と変化する。つまり，この反応の反応速度は一定ではなく，反応速度を表すには微小時間（$= \mathrm{d}t$）あたりのAの濃度変化（$= \mathrm{d}[\mathrm{A}]$）を考える必要がある。すなわち，反応速度 v は，

$$v = -\frac{\mathrm{d}[\mathrm{A}]}{\mathrm{d}t} = k[\mathrm{A}]$$

速度定数
rate constant

と表される。ここで，k を**速度定数**といって，反応物Aの濃度変化と反応速度の値を合わせるための定数である。このように，反応速度に影響を与える物質がAという一つだけの反応を**一次反応**という。

一次反応
first-order reaction

あるいは，反応物Aと反応物Bが反応して生成物Pが生成するような，

$$\mathrm{A} + \mathrm{B} \longrightarrow \mathrm{P}$$

と表される化学反応では，反応速度 v は，

$$v = -\frac{\mathrm{d}[\mathrm{A}]}{\mathrm{d}t}\left(= -\frac{\mathrm{d}[\mathrm{B}]}{\mathrm{d}t}\right) = k[\mathrm{A}][\mathrm{B}]$$

と表される。この場合，Aの濃度を上げてもBの濃度を上げても反応速度は上がる。つまり，反応速度に影響を与える物質はAとBの二つであり，このような反応を**二次反応**という。

二次反応
second-order reaction

ここで，次のような化学反応を考える。

$$\mathrm{A} + \mathrm{B} \rightleftarrows \mathrm{AB}$$

まず，最初はAとBしかなく，これらが反応してAB複合体が生成してくる（正反応という）。そして反応が進んでAB複合体が増えてくると，ABが解離してふたたびAとBに戻るという逆反応も起こってくる。やがて，A + B → ABという正反応と，A + B ← ABという逆反応が同じだけ起こるようになり，見かけ上，A，B，ABの濃度が変わらなくなり，反応が停止したように見える**平衡状態**になる。

このとき，A + B ⇄ AB の反応において，右向きの正反応A + B → ABの反応速度 v_1 は，速度定数を k_1 とすると，

$$v_1 = k_1[\mathrm{A}][\mathrm{B}]$$

と表され，また，左向きの逆反応A + B ← ABの反応速度 v_2 は，速度定数を k_2 とすると，

$$v_2 = k_2[\mathrm{AB}]$$

と表される。平衡状態では，正反応の反応速度 v_1 と逆反応の反応速度 v_2 が

等しくなるので，

$$k_1[\mathrm{A}][\mathrm{B}] = k_2[\mathrm{AB}]$$

が成り立ち，式を変形して，

$$\frac{[\mathrm{A}][\mathrm{B}]}{[\mathrm{AB}]} = \frac{k_2}{k_1} = K$$

解離定数
dissociation constant

ここで，k_1 と k_2 は定数なので，まとめて K という定数で表すことができ，これを複合体 AB の**解離定数**という。

コラム 6・1　鏡の中のタンパク質

なぜタンパク質はL体のアミノ酸のみからつくられるのか？　――これは生命科学における最大の難問の一つである。タンパク質をつくる上で，D体のアミノ酸はL体のアミノ酸と比べて，何かが劣っているのだろうか？

アミノ酸99個からなる，あるタンパク質分解酵素（プロテアーゼ）を，アミノ酸の配列はそのままで，すべてD体のアミノ酸に置き換えてつくってみた例がある。生体内ではD体のアミノ酸をつなげていくことはできないので，すべて化学合成により人工的に合成された。出来あがったタンパク質は，ちょうど鏡に映した鏡像体のタンパク質である。

この鏡の中のプロテアーゼは，L体のアミノ酸からなるペプチドは分解できなかったのだが，化学合成されたD体のペプチドは分解することができた。この結果は，タンパク質を構成するアミノ酸がD体であっても，ちゃんとタンパク質として機能できることを示唆している。つまり，タンパク質をつくるアミノ酸はD体でも問題なかったことになり，L体のアミノ酸が選択された謎はむしろ深まったといえる。

『鏡の国のアリス』では，主人公のアリスがすべてが逆さまの「鏡の国」に行ってしまったのだが，アリスは鏡の国で出てくる料理を食べたとしても，消化できないはずだし，味もしないはずである。

6・3　酵素反応

酵素は触媒としてはたらくので，基本的には非生物系の触媒を用いた触媒反応とまったく同じように扱うことができる。しかし，酵素反応の場合，非生物系触媒とは異なる特徴的な特性も示すことから，通常の化学反応を扱う反応速度論とは異なり，酵素反応に特化した解析のしかたがされる。

酵素反応では，反応速度が温度に対して特別な依存性を示す（**図 6・2**）。一般に，非生物系の化学反応では，反応温度が高くなるのにしたがって反応速度が上がる。これは，温度が上がることによって分子どうしの衝突頻度が高くなるのに伴って，反応が起こる確率が上昇するからである（おおよその

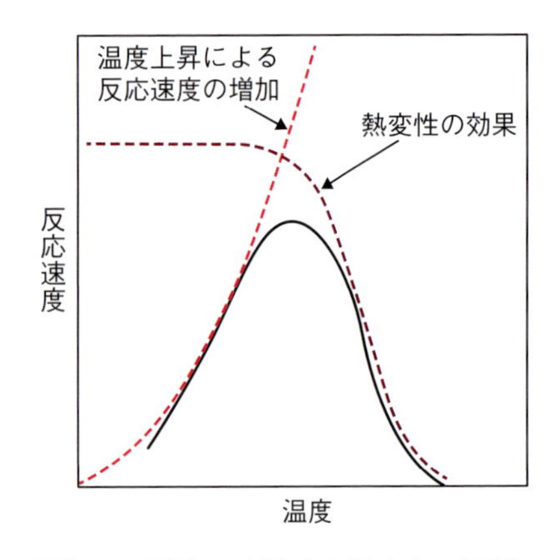

図 6･2　酵素反応速度と温度との関係

目安として，温度が 10 K 上がると反応速度は 2 倍になるとされている)。しかし，これは酵素反応ではほとんどの場合あてはまらない。というのも，酵素はタンパク質であり，高温では熱変性してしまうため，逆に活性が低下してしまう。一般に酵素タンパク質は，その酵素をもっている生物が棲息する環境の温度（恒温生物の場合はその体温）付近で，最も活性（触媒作用）が高くなるようにデザインされている。酵素が触媒作用を発揮するのに最適な温度のことを**至適温度**（あるいは最適温度）という。このような前提のもとで酵素反応速度論について見ていこう。

酵素反応において，**酵素**（**E**：enzyme）の触媒作用を受ける物質（つまり反応物）を**基質**（**S**：substrate）といい，酵素に基質が結合する部位を活性部位という。ここで，酵素 E は活性部位で基質 S と結合して**酵素 - 基質複合体**（**ES**）を形成し，これが**生成物**（**P**：product）を遊離して元の酵素 E に戻る，という酵素反応を考える。

一般的な酵素反応において，時間の経過とともに生成物の濃度を測定すると，**図 6･3** のようになる。はじめのうちは直線的に反応が進行するのだが，徐々に基質の濃度が下がってくるため，それに伴って直線から外れてくる。このように刻々と変化していく反応速度は，ある時刻 t における曲線の接線の傾き（すなわちここでは $\frac{\mathrm{d[P]}}{\mathrm{d}t}$ ）を求めれば，その時刻における反応速度が求められるのだが，それではどの時点での反応速度を用いれば良いのか。酵素反応における反応速度は，反応開始直後の曲線の傾き――すなわち，初速度を求めて，これを反応速度として解析する。このように酵素反応では初速度を反応速度として扱うので，そのときの基質の濃度というのは反応開始時における基質濃度――つまり，初濃度ということになる。

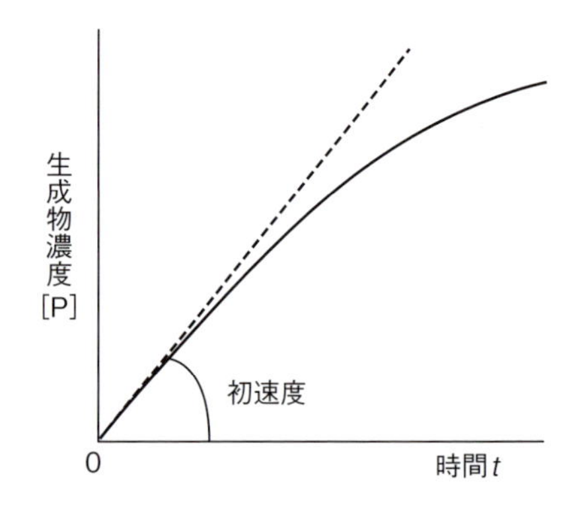

図 6･3　酵素反応における反応速度

次に，酵素の濃度を一定に保ち，基質の濃度（＝基質の初濃度）を変化させてみると，反応速度（＝初速度）は，**図 6･4** のような曲線となる。基質濃度の増大に伴い基質と酵素との衝突頻度が上がり，反応速度が上

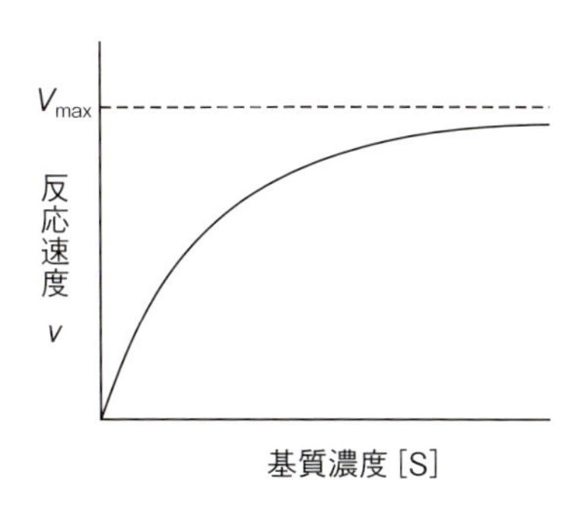

図 6・4　基質濃度と反応速度

がっていく。しかし，反応系に入っている酵素の量には限りがあるため，やがて酵素が基質で飽和してしまい，反応速度はある一定の値に近づく傾向を示す。この一定の値というのは，この反応における**最大速度**のことで，V_{max} と表す。

このような挙動は，酵素 E と基質 S とが可逆的な反応で酵素 - 基質複合体 ES を形成し（この正反応の速度定数を k_1，逆反応の速度定数を k_{-1} とする），基質 S は ES 複合体中で反応して生成物 P となり，生成物 P が酵素 E から解離する（この反応の速度定数を k_{cat} とする）という以下のような反応機構で説明される。

$$E + S \underset{k_{-1}}{\overset{k_1}{\rightleftarrows}} ES \xrightarrow{k_{cat}} E + P$$

一般的な酵素反応では，ES 複合体が形成される速度はきわめて速く，これに対して ES 複合体から P が生成する速度はきわめて遅い（すなわち，$k_{cat} << k_1, k_{-1}$ となる）。このような状況では，反応速度の最も遅い ES → E + P のステップがこの反応全体の速度を決めることになり，このようなステップのことを**律速段階**という。

律速段階
rate-limiting step

この反応において，生成物 P の濃度を時間の経過とともに測定すると先の**図 6・3** のようになるのだが，きわめて厳密に観察すると，**図 6・5** に示すような 3 段階の反応からなっている。

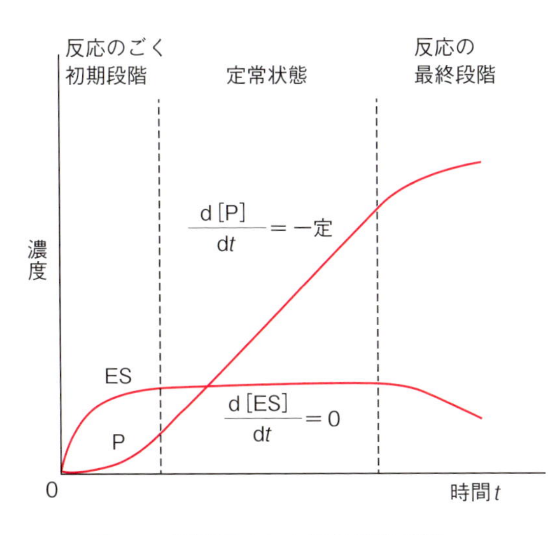

図 6・5　酵素反応における定常状態

まず，反応のごく初期段階で酵素 E と基質 S とが速やかに結合し，ES 複合体が形成されてくるが，これが次第に増えていくと，その濃度に比例して ES 複合体から P が生成する速度と，ES 複合体から E + S に戻る速度がつり合う状態になる（定常状態）。このような条件の下では，ES 複合体の濃度は，反応中，常に一定であると近似することができる。このような近似を**定常状態近似**という。

この濃度一定と見なせる ES 複合体からは，時間の経過とともに生成物 P が直線的に生成する。この直線部分の速度が，反応の初速度として測定される部分である。さらに反応が進んで，反応の最終段階になると，反応系の基質Sが使い果たされ，ES複合体の濃度が下がり，反応速度は減少する。これらの条件を式に表してみる。

ES複合体に定常状態近似を適用すると，

$$\frac{\mathrm{d[ES]}}{\mathrm{d}t} = 0$$
$$= k_1[\mathrm{E}][\mathrm{S}] - k_{-1}[\mathrm{ES}] - k_{cat}[\mathrm{ES}] \quad \cdots ①$$

と表せる。また，反応開始時に存在していた酵素の量は，反応途中においても保たれるので，酵素の初濃度を $[\mathrm{E}]_0$ とすると，

$$[\mathrm{E}]_0 = [\mathrm{E}] + [\mathrm{ES}] \quad \cdots ②$$

という式が成り立つ。①式と②式から[E]を消去して，

$$[\mathrm{ES}] = \frac{k_1[\mathrm{E}]_0[\mathrm{S}]}{k_{-1} + k_{cat} + k_1[\mathrm{S}]} \quad \cdots ③$$

この酵素反応の律速段階は，速度定数 k_{cat} で進行する ES → E + P のステップなので，生成物Pの生成速度を v とすると，

$$v = k_{cat}[\mathrm{ES}]$$

と表すことができ，これと③式から，

$$v = k_{cat}[\mathrm{ES}] = \frac{k_{cat}k_1[\mathrm{E}]_0[\mathrm{S}]}{k_{-1} + k_{cat} + k_1[\mathrm{S}]}$$
$$= \frac{k_{cat}[\mathrm{E}]_0[\mathrm{S}]}{\frac{k_{-1} + k_{cat}}{k_1} + [\mathrm{S}]} \quad \cdots ④$$

と表せる。ここで，この反応における最大速度 V_{max} というのは，反応系に含まれる酵素Eのすべてが基質Sと結合してES複合体となっているとき，すなわち $[\mathrm{ES}] = [\mathrm{E}]_0$ のときなので，

$$V_{max} = k_{cat}[\mathrm{E}]_0$$

という関係があり，これと④式から，

$$v = \frac{V_{max}[\mathrm{S}]}{\frac{k_{-1} + k_{cat}}{k_1} + [\mathrm{S}]} \quad \cdots ⑤$$

と表せる。k_1，k_{-1}，k_{cat} はすべて定数であるため，これらをまとめて，

$$K_m = \frac{k_{-1} + k_{cat}}{k_1}$$

とおくと，⑤式は，

$$v = \frac{V_{\max}[S]}{K_m + [S]}$$

と表せる。この式を**ミカエリス・メンテンの式**といい，K_m を**ミカエリス定数**という。酵素反応では初速度を扱うので，ここでの基質濃度 [S] は，基質の初濃度 $[S]_0$ と見なしてよい。

ここで，ミカエリス定数 K_m が表す意味を考える。この酵素反応の反応速度が最大速度 $V_{\max}$ の半分の速度となるとき，$v = \frac{V_{\max}}{2}$ と表され，これをミカエリス・メンテンの式に代入すると，

$$\frac{V_{\max}}{2} = \frac{V_{\max}[S]}{K_m + [S]}$$

$$\therefore\ K_m = [S]$$

となり，これは基質濃度がちょうどミカエリス定数の値のとき，この酵素反応の速度が最大速度 $V_{\max}$ のちょうど半分の速度となる，ということを表している（**図 6·6**）。

ミカエリス定数 K_m は，それぞれの酵素に固有の定数であり，その数値は酵素の性能を表す。たとえば，K_m の値が小さい酵素ほど，より低い濃度の基質で最大速度に達することができるので，そのような酵素は性能が高いといえる。逆に，K_m の値が大きい酵素は，基質濃度を高くしないとなかなか最大速度に達することができないことになる。

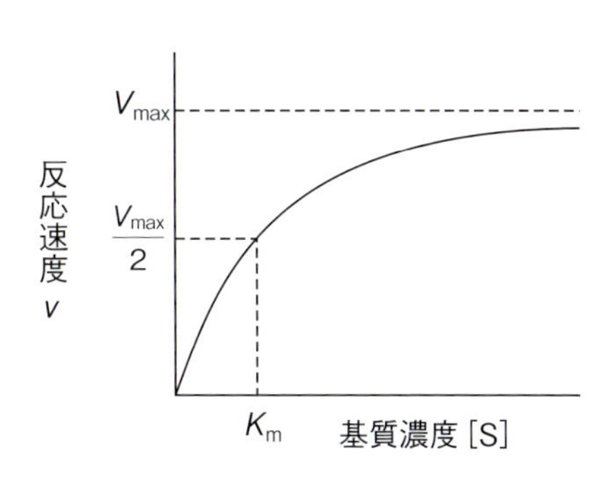

図 6·6　酵素反応の速度とミカエリス定数

このミカエリス・メンテンの式にしたがう酵素を，**ミカエリス・メンテン型酵素**という。

ここまでに導出したミカエリス・メンテンの式は，ES 複合体に定常状態近似を適用することによって得られたものである。ここで，ES 複合体から P が生成する速度に比べて ES 複合体が形成される速度はきわめて速く（つまり，$k_{cat} \ll k_1, k_{-1}$ という条件），酵素 E と基質 S が ES 複合体となる反

応（E + S ⇄ ES）で平衡状態が成り立っていると仮定すると，次のような式で表すことができる。

$$\frac{[E][S]}{[ES]} = \frac{k_{-1}}{k_1} = K_s \quad \cdot\cdot\cdot ⑥$$

ここで，K_s は酵素 - 基質複合体 ES の解離定数を表す。⑥式と先の②式から [E] を消去すると，

$$\frac{([E]_0 - [ES])\,[S]}{[ES]} = K_s$$

$$\therefore\ [ES] = \frac{[E]_0\,[S]}{K_s + [S]} \quad \cdot\cdot\cdot ⑦$$

と表せる。生成物 P の生成速度 v は，$v = k_{cat}[ES]$ であり，これと⑦式から

$$v = k_{cat}\,[ES] = \frac{k_{cat}\,[E]_0\,[S]}{K_s + [S]}$$

と表され，ここでもやはり，$V_{max} = k_{cat}[E]_0$ が成り立つので，

$$v = \frac{V_{max}[S]}{K_s + [S]}$$

と表されて，ミカエリス・メンテンの式と同じ形の式が導出される。しかし，表している内容は異なり，K_s は $k_{cat} << k_1, k_{-1}$ という条件の下で，$K_s = \frac{k_{-1}}{k_1}$ と定義される解離定数である。

ミカエリス定数 K_m は，$K_m = \frac{k_{-1} + k_{cat}}{k_1}$ と定義されたが，これは $k_{cat} << k_1, k_{-1}$ という条件の下では（k_{cat} の項が無視できて）$\frac{k_{-1}}{k_1}$，すなわち K_s と見なすことができ，つまりミカエリス定数 K_m は酵素 - 基質複合体の解離定数 K_s と同じ意味をもつ。

解離定数 K_s もそれぞれの酵素に固有の定数であり，この値が大きいほど，酵素 E と基質 S がたくさん解離しているということになり，つまり反応が起こりにくいことを表す。

さて，酵素反応の解析では，最大速度 V_{max} やミカエリス定数 K_m の値を実験的に求めて用いるのだが，**図 6･6** に示すような曲線のグラフから V_{max} や K_m の値を直接求めようとすると誤差が大きくなってしまう。そこで，V_{max} や K_m を求めるのに，ミカエリス・メンテンの式を直線式に変形したものが用いられる。いくつかの直線式に変形できるが，その中の一つとして，**ラインウィーバー・バークプロット**（または，**両逆数プロット**）とよばれるものがある。

すなわち，ミカエリス・メンテンの式は次のように変形でき，

$$\frac{1}{v}=\frac{K_m}{V_{max}}\cdot\frac{1}{[S]}+\frac{1}{V_{max}}$$

$\frac{1}{v}$ を $\frac{1}{[S]}$ に対してプロットすれば，**図 6・7** のような直線が得られる。この直線の傾きと縦軸の切片，あるいは直線を延長して横軸との切片とから V_{max} および K_m を求めることができる。

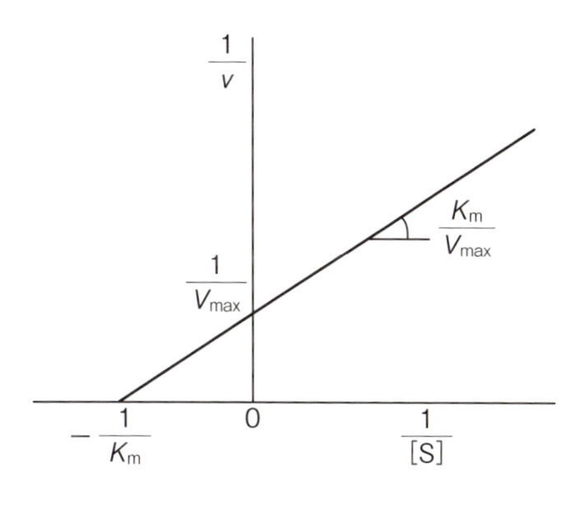

図 6・7　ラインウィーバー・バークプロット

6・4　酵素反応の阻害

酵素に結合して触媒作用を阻害する物質を**阻害剤**（I：inhibitor）という。医薬品や農薬の多くは，特定の酵素反応に対する阻害剤であるといってよい。そのため，阻害剤の研究は生命科学研究における重要な分野の一つである。

阻害剤には，酵素に可逆的に結合して活性を阻害するものや，不可逆的に共有結合して活性を阻害するものなどがある。ここでは，酵素に可逆的に結合して作用するものについて扱う。

$$\mathrm{E + S \rightleftharpoons ES \longrightarrow E + P}$$

という酵素反応において，阻害剤が酵素に可逆的に結合して作用する形式にはいくつかの種類がある。阻害剤は酵素に直接作用するものだが，この酵素反応において酵素 E の状態は，(1) 基質 S と結合する前の遊離した E の状態と，(2) 基質 S と結合して複合体を形成した ES の状態の二つしかない。そのため，阻害剤が酵素に作用する形式には，遊離した E のみに作用するか，複合体の ES のみに作用するか，あるいは E と ES の両方に作用するという三つのパターンしかない。それぞれについて，

阻害剤が E のみに作用する・・・競争阻害（拮抗阻害）
阻害剤が ES のみに作用する・・・反競争阻害（反拮抗阻害）
阻害剤が E と ES の両方に作用する・・・非競争阻害（非拮抗阻害）

とよばれる。

競争阻害
（拮抗阻害）
competitive
inhibition

6・4・1　競争阻害（拮抗阻害）

競争阻害では，基質とよく似た構造をもつ阻害剤（競争阻害剤）が，酵素

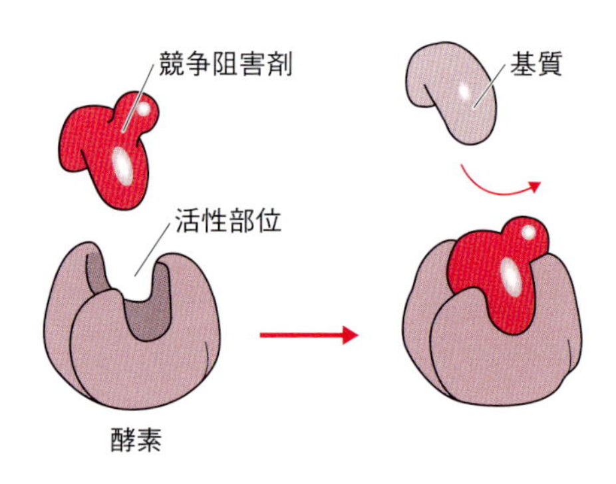

図 6・8　競争阻害（拮抗阻害）の作用形式

の活性部位に基質と競争的（拮抗的）に結合することにより反応を阻害する（図 6・8）。

これを定量的に考えると次のような反応式となる（阻害剤を I と書く）。

$$
\begin{array}{c}
\mathrm{E} + \mathrm{S} \underset{k_{-1}}{\overset{k_1}{\rightleftarrows}} \mathrm{ES} \xrightarrow{k_{\mathrm{cat}}} \mathrm{E} + \mathrm{P} \\
+ \\
\mathrm{I} \\
k_{-\mathrm{i}} \uparrow\downarrow k_{\mathrm{i}} \\
\mathrm{EI}
\end{array}
$$

酵素 E は基質 S と結合して酵素 - 基質複合体 ES をつくるが，同時に酵素 E は阻害剤 I とも結合して酵素 - 阻害剤複合体 EI をつくる。この EI 複合体には基質 S は結合できない。

ここで，ES 複合体については，定常状態近似が適用できることから，

$$
\begin{aligned}
\frac{\mathrm{d[ES]}}{\mathrm{d}t} &= 0 \\
&= k_1[\mathrm{E}][\mathrm{S}] - k_{-1}[\mathrm{ES}] - k_{\mathrm{cat}}[\mathrm{ES}] \quad \cdots ①
\end{aligned}
$$

と表せる。また，酵素 E と阻害剤 I との間で平衡状態が成り立っていることから，

$$k_{\mathrm{i}}[\mathrm{E}][\mathrm{I}] = k_{-\mathrm{i}}[\mathrm{EI}] \quad \cdots ②$$

と表せ，さらに，酵素の初濃度は反応中においても保たれるので，

$$[\mathrm{E}]_0 = [\mathrm{E}] + [\mathrm{ES}] + [\mathrm{EI}] \quad \cdots ③$$

という条件が成り立っている。ここで，酵素 E と阻害剤 I の解離定数を，

$$\frac{[\mathrm{E}][\mathrm{I}]}{[\mathrm{EI}]} = \frac{k_{-\mathrm{i}}}{k_{\mathrm{i}}} = K_{\mathrm{I}}$$

とおいて，$\frac{k_{\mathrm{cat}} + k_{-1}}{k_1} = K_{\mathrm{m}}$ とすると，①〜③式から [E] を消去して，$V_{\max} = k_{\mathrm{cat}}[\mathrm{E}]_0$ から全体の速度式は，

$$v = k_{\mathrm{cat}}[\mathrm{ES}] = \frac{V_{\max}[\mathrm{S}]}{\underbrace{K_{\mathrm{m}}\left(1 + \frac{[\mathrm{I}]}{K_{\mathrm{I}}}\right)}_{\text{見かけの}K_{\mathrm{m}}} + [\mathrm{S}]}$$

と表せる。この反応を阻害剤がある場合とない場合とに分け，基質濃度 [S] に対して反応速度をプロットすると，**図 6･9** のようになる。ここで，[I] も K_{I} も正の値をとるため，括弧内は必ず 1 よりも大きな値となることから，阻害剤の濃度 [I] を上げていくと「見かけの K_{m}」の値が大きくなる。ただし，この競争阻害では $V_{\max}$ の値は阻害剤の濃度によらず変わらない。

ここで，この式を直線式に変形して，ラインウィーバー・バークプロットで表してみる。

$$\frac{1}{v} = \frac{K_{\mathrm{m}}\left(1 + \frac{[\mathrm{I}]}{K_{\mathrm{I}}}\right)}{V_{\max}} \cdot \frac{1}{[\mathrm{S}]} + \frac{1}{V_{\max}}$$

この式をプロットしてみると，阻害剤がない場合とくらべて，$V_{\max}$ は変わらないものの，見かけの K_{m} が変化していることがよりわかりやすく示される（**図 6･9**）。

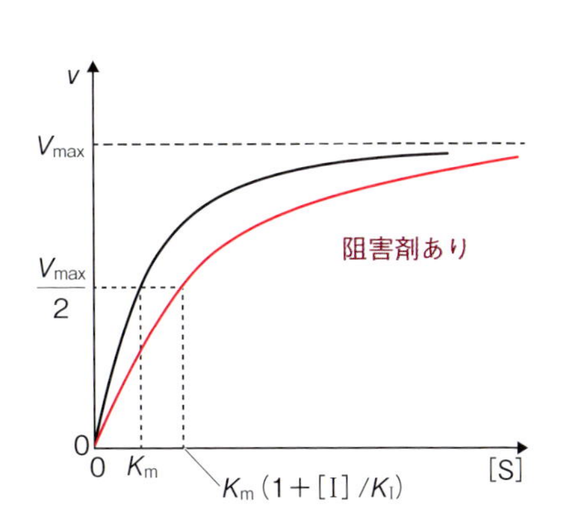

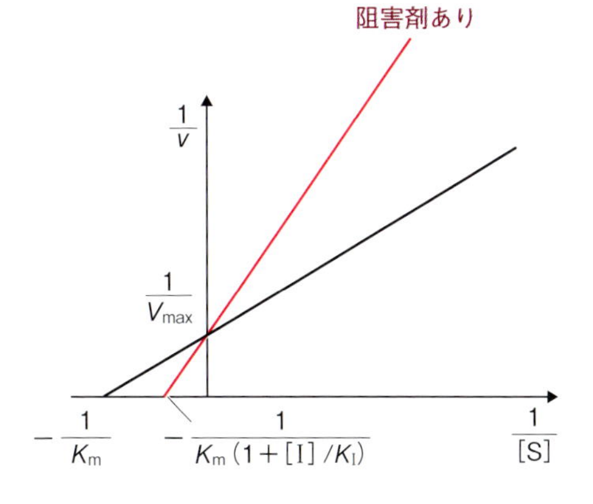

図 6･9　競争阻害

6･4･2　反競争阻害（反拮抗阻害）

反競争阻害
（反拮抗阻害）
uncompetitive
inhibition

反競争阻害では，阻害剤（反競争阻害剤）がES複合体のみに結合して，酵素-基質-阻害剤複合体ESIをつくることにより反応を阻害する（**図6･10**）。

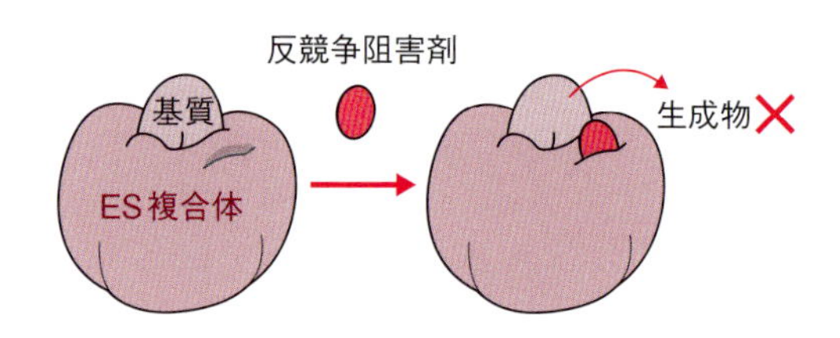

図6･10　反競争阻害（反拮抗阻害）の作用形式

ESI複合体中の阻害剤Iは，たとえば酵素が基質を生成物に変化させるための機能を阻害したり，あるいは生成物がES複合体から解離するのを阻害したりするような状態を考えるとよい。これは，次のような反応式となる。

$$\mathrm{E} + \mathrm{S} \underset{k_{-1}}{\overset{k_1}{\rightleftarrows}} \mathrm{ES} \xrightarrow{k_{cat}} \mathrm{E} + \mathrm{P}$$

$$\begin{array}{c} + \\ \mathrm{I} \\ k_{-i} \uparrow\downarrow k_i \\ \mathrm{ESI} \end{array}$$

ここでもES複合体については，定常状態近似が適用できることから，

$$\frac{\mathrm{d[ES]}}{\mathrm{d}t} = 0$$
$$= k_1[\mathrm{E}][\mathrm{S}] - k_{-1}[\mathrm{ES}] - k_{cat}[\mathrm{ES}] - k_i[\mathrm{ES}][\mathrm{I}] + k_{-i}[\mathrm{ESI}] \quad \cdots ①$$

と表すことができ，また，ここでも酵素Eと阻害剤Iとの間で平衡状態が成り立ち，酵素の初濃度は反応中においても保たれることから，

$$k_i[\mathrm{ES}][\mathrm{I}] = k_{-i}[\mathrm{ESI}] \quad \cdots ②$$

$$[\mathrm{E}]_0 = [\mathrm{E}] + [\mathrm{ES}] + [\mathrm{ESI}] \quad \cdots ③$$

と表せる。

ここで，$\dfrac{[\mathrm{ES}][\mathrm{I}]}{[\mathrm{ESI}]} = \dfrac{k_{-i}}{k_i} = K_I$，$\dfrac{k_{cat} + k_{-1}}{k_1} = K_m$ とおいて，①～③式から[E]を消去すると，$V_{max} = k_{cat}[\mathrm{E}]_0$ から全体の速度式は，

$$v = k_{cat}[ES] = \frac{V_{max}[S]}{K_m + \left(1 + \frac{[I]}{K_I}\right)[S]}$$

$$= \frac{V_{max} \cdot \left(1 + \frac{[I]}{K_I}\right)^{-1} \cdot [S]}{K_m \cdot \left(1 + \frac{[I]}{K_I}\right)^{-1} + [S]}$$

と表せる。また，この式を直線式に変形して，ラインウィーバー・バークプロットで表すと，

$$\frac{1}{v} = \frac{K_m \cdot \left(1 + \frac{[I]}{K_I}\right)^{-1}}{V_{max} \cdot \left(1 + \frac{[I]}{K_I}\right)^{-1}} \cdot \frac{1}{[S]} + \frac{1}{V_{max} \cdot \left(1 + \frac{[I]}{K_I}\right)^{-1}}$$

と表すことができ，これらの式を，阻害剤がある場合とない場合とでグラフで表すと，**図6·11** のようになる。

反競争阻害の場合，阻害剤の濃度[I]が「見かけの K_m」と「見かけの V_{max}」の両方に影響を与え，阻害剤の濃度[I]を上げていくといずれの値も減少する。

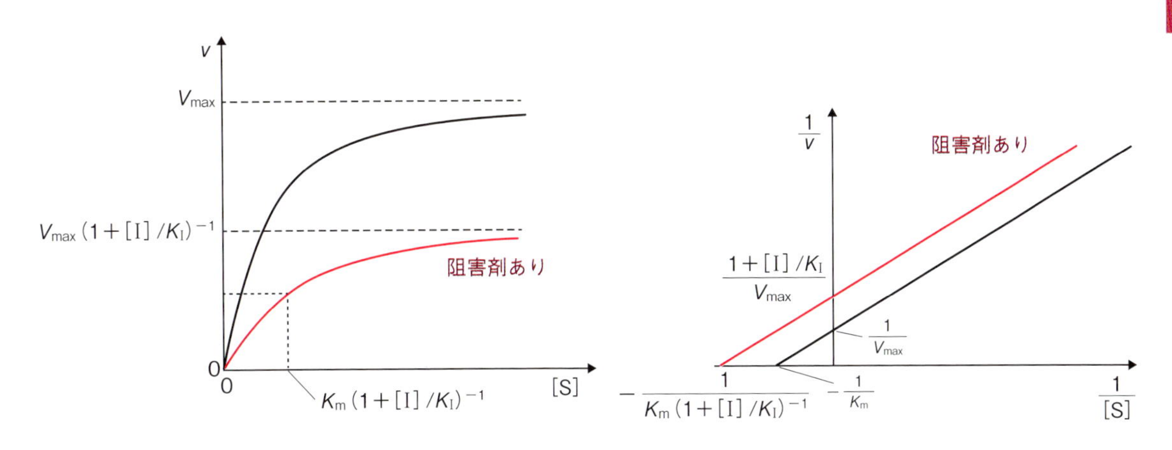

図6·11　反競争阻害

6·4·3　非競争阻害（非拮抗阻害）

非競争阻害
（非拮抗阻害）
noncompetitive inhibition

非競争阻害では，阻害剤（非競争阻害剤）が酵素の活性部位とは別の部分に結合して酵素活性を阻害する。そのため，基質は酵素に結合することがで

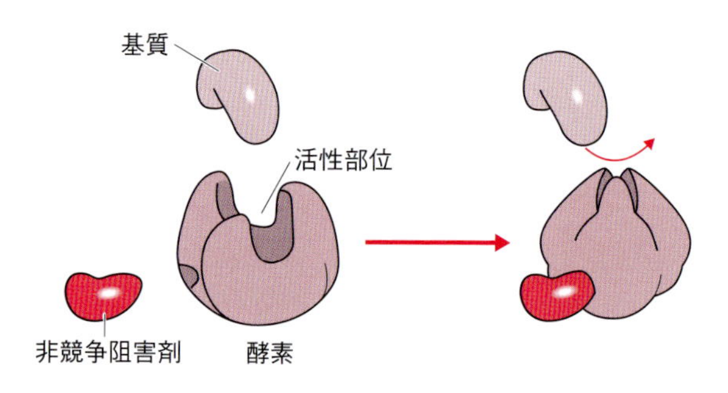

図 6・12　非競争阻害（非拮抗阻害）の作用形式

き，酵素単独と ES 複合体のいずれにも阻害剤は等しい親和力で結合する（**図 6・12**）。

非競争阻害剤が酵素に結合することにより，たとえば酵素が基質を生成物に変化させるための機能を阻害するような状態を考えるとよい。これは，次のような反応式となる。

$$
\begin{array}{ccccc}
E + S & \underset{k_{-1}}{\overset{k_1}{\rightleftarrows}} & ES & \xrightarrow{k_{cat}} & E + P \\
+ & & + & & \\
I & & I & & \\
k_{-i} \uparrow\downarrow k_i & & k_{-i} \uparrow\downarrow k_i & & \\
EI + S & \underset{k_{-1}}{\overset{k_1}{\rightleftarrows}} & ESI & &
\end{array}
$$

ここでも ES 複合体については，定常状態近似が適用できることから，

$$
\begin{aligned}
\frac{d[ES]}{dt} &= 0 \\
&= k_1[E][S] - k_{-1}[ES] - k_{cat}[ES] - k_i[ES][I] + k_{-i}[ESI] \quad \cdots ①
\end{aligned}
$$

と表され，また，ここでも酵素 E，ES 複合体と阻害剤 I との間で平衡状態が成り立ち，酵素の初濃度は反応中においても保たれることから，

$$k_1[EI][S] + k_i[ES][I] = k_{-1}[ESI] + k_{-i}[ESI] \quad \cdots ②$$

$$k_i[E][I] + k_{-1}[ESI] = k_{-i}[EI] + k_1[EI][S] \quad \cdots ③$$

$$[E]_0 = [E] + [ES] + [EI] + [ESI] \quad \cdots ④$$

と表せる。ここで，$\frac{[E][I]}{[EI]} = \frac{[ES][I]}{[ESI]} = \frac{k_{-i}}{k_i} = K_I$，$\frac{k_{cat} + k_{-1}}{k_1} = K_m$，とおいて，

①～④式から [E] を消去すると，$V_{max} = k_{cat}[E]_0$ から全体の速度式は，

$$v = k_{cat}[ES] = \frac{V_{max}[S]}{(K_m + [S])\left(1 + \frac{[I]}{K_I}\right)}$$

$$= \frac{V_{max}\left(1 + \frac{[I]}{K_I}\right)^{-1} \cdot [S]}{K_m + [S]}$$

と表すことができ，また，この式を直線式に変形して，ラインウィーバー・バークプロットで表すと，

$$\frac{1}{v} = \frac{K_m}{V_{max} \cdot \left(1 + \frac{[I]}{K_I}\right)^{-1}} \cdot \frac{1}{[S]} + \frac{1}{V_{max} \cdot \left(1 + \frac{[I]}{K_I}\right)^{-1}}$$

と表せる。これらの式を，阻害剤がある場合とない場合とでグラフで表すと，**図 6·13** のようになる。

非競争阻害の場合，阻害剤の濃度 [I] を上げていくと「見かけの V_{max}」の値のみが小さくなり，「見かけの K_m」の値は阻害剤の濃度に影響を受けない。

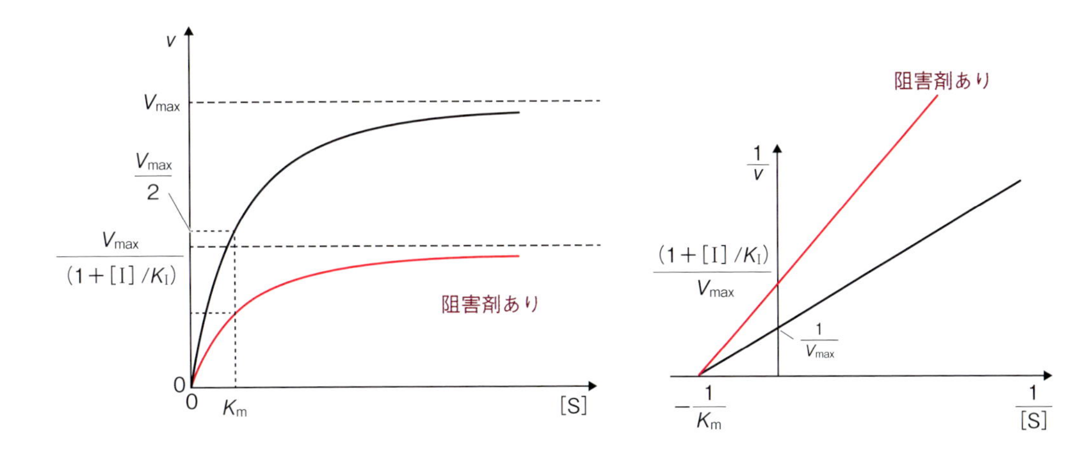

図 6·13　非競争阻害

ある酵素反応を阻害する未知の物質がある場合，その阻害剤がある場合とない場合とでラインウィーバー・バークプロットを行って，K_m や V_{max} の変化の有無を調べれば，その物質の阻害機構を明らかにすることができる。

6·4·4　基質阻害

基質阻害
substrate inhibition

通常，酵素反応において基質の濃度を上昇させていくと，それに伴って反応速度も上昇していき，その値は V_{max} の値に近づいていく（**図 6·6 参照**）。ところが，基質の濃度を上昇させていくと，ある濃度までは反応速度が上昇

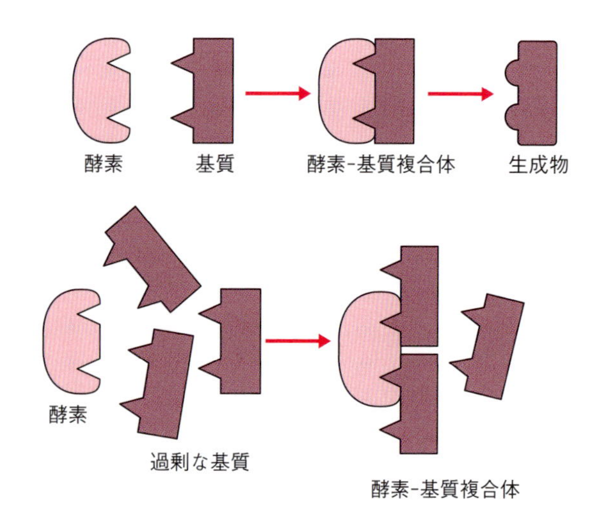

図 6･14　基質阻害の作用形式

していくのだが，それ以上に基質濃度を上昇させると徐々に反応速度が低下していくことがある。このような阻害形式を**基質阻害**という。

たとえば，酵素が基質の2か所を認識して結合することで酵素活性が生じるような場合を考える。このような酵素に対して過剰な基質が存在すると，酵素の2か所の基質結合部位に，それぞれ別々の基質が結合してしまうことで酵素反応が生じなくなり，反応が阻害されるような場合を考えればよい（**図6･14**）。

これは，次のような反応式となる。

$$\mathrm{E + S} \underset{k_{-1}}{\overset{k_1}{\rightleftarrows}} \mathrm{ES} \xrightarrow{k_{\mathrm{cat}}} \mathrm{E + P}$$

$$\mathrm{ES} + \mathrm{S} \underset{k_{-\mathrm{s}}}{\overset{k_{\mathrm{s}}}{\rightleftarrows}} \mathrm{ESS}$$

基質を過剰に結合した酵素を ESS と表し，ESS からは生成物 P が生成されない。ここでも ES 複合体については，定常状態近似が適用できることから，

$$\frac{\mathrm{d[ES]}}{\mathrm{d}t} = 0$$
$$= k_1[\mathrm{E}][\mathrm{S}] - k_{-1}[\mathrm{ES}] - k_{\mathrm{cat}}[\mathrm{ES}] - k_{\mathrm{s}}[\mathrm{ES}][\mathrm{S}] + k_{-\mathrm{s}}[\mathrm{ESS}] \quad \cdots ①$$

と表すことができ，ここでは酵素 - 基質複合体 ES と，過剰に基質が結合した酵素 - 基質複合体 ESS との間で平衡状態が成り立ち，酵素の初濃度は反応中においても保たれることから，

$$k_{\mathrm{s}}[\mathrm{ES}][\mathrm{S}] = k_{-\mathrm{s}}[\mathrm{ESS}] \quad \cdots ②$$

$$[\mathrm{E}]_0 = [\mathrm{E}] + [\mathrm{ES}] + [\mathrm{ESS}] \quad \cdots ③$$

と表せる。

ここで，$\dfrac{[\mathrm{ES}][\mathrm{S}]}{[\mathrm{ESS}]} = \dfrac{k_{-\mathrm{s}}}{k_{\mathrm{s}}} = K_{\mathrm{ss}}$，$\dfrac{k_{\mathrm{cat}}+k_{-1}}{k_1} = K_{\mathrm{m}}$ とおいて，①～③式から [ESS] を消去すると，$V_{\max} = k_{\mathrm{cat}}[\mathrm{E}]_0$ から全体の速度式は，

$$v = k_{cat}[\mathrm{ES}] = \frac{V_{max}[\mathrm{S}]}{K_m + [\mathrm{S}] + \dfrac{[\mathrm{S}]^2}{K_{ss}}}$$

この式をグラフで表すと**図 6･15** のようになり，このような基質阻害を受ける反応には，反応速度に極大値が見られ，基質濃度 [S] が $[\mathrm{S}] = \sqrt{K_m K_{ss}}$ のときに反応速度が最大となる。

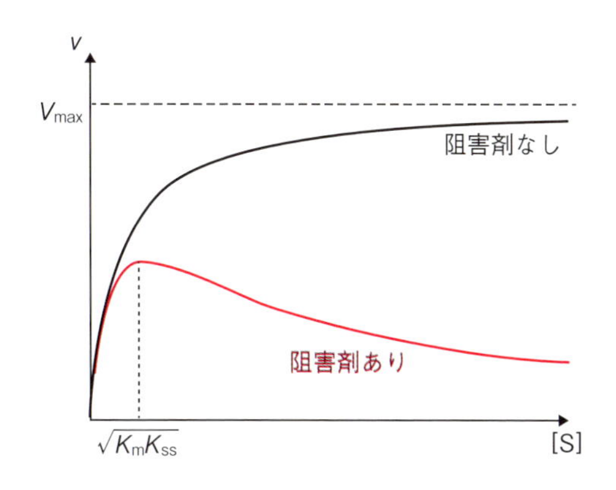

図 6･15　基質阻害を受ける酵素反応の反応速度

6･5　アロステリック調節

ミカエリス・メンテン型以外の酵素反応として，**アロステリック調節**をうける酵素反応が知られている。

一般的には，タンパク質に別の化合物（**エフェクター**という）が結合することにより，そのタンパク質の機能が可逆的に調節されることをアロステリック調節という。酵素の場合は，エフェクターが結合することにより，その酵素の立体構造が変化して，酵素の触媒活性が調節されることをいう。このような調節を受ける酵素を**アロステリック酵素**という。

この酵素のアロステリック調節にはいくつかのタイプの調節が知られている。たとえば，エフェクターが基質とは異なる化合物で，エフェクターが酵素に結合することにより（その部位のことを**アロステリック部位**という），その酵素に構造変化が起こって触媒活性が促進，あるいは抑制されるタイプのものがある。

あるいは，基質結合部位をもつサブユニットが複数会合した四次構造をとる酵素で，基質がエフェクターの役割を兼ねるものがある。この場合，一つ目の基質（＝エフェクター）の結合が各サブユニットの構造変化を促し，二つ目以降の基質の結合を促進，あるいは抑制する。

このタイプのアロステリック調節の有名な例として，酵素ではないのだが，血液中で酸素と結合して全身の各細胞に酸素を運ぶ**ヘモグロビン**が知られている。ヘモグロビンは，四つのサブユニットからなり，各サブユニットがそれぞれ一つの酸素と結合する。そのうちの一つが酸素と結合すると，ヘモグロビン全体の構造が変化して，二つ目の部位への酸素の結合が促進される。さらに，二つ目の酸素が結合することにより，三つ目の部位への酸素結合が促進され，三つ目の部位に酸素が結合することにより，四つ目の部位への結合が促進される。この効果により，酸素濃度の高い肺では一つ目の部位に酸素が結合しやすく，それにより速やかに残りの部位も酸素で満たされ，これが酸素濃度の低い各細胞まで運ばれていくと，最初の酸素の解離が残りの酸素の速やかな解離を促す。このようなサブユニット間の協調的な構造変化による作用を**協同作用**という。

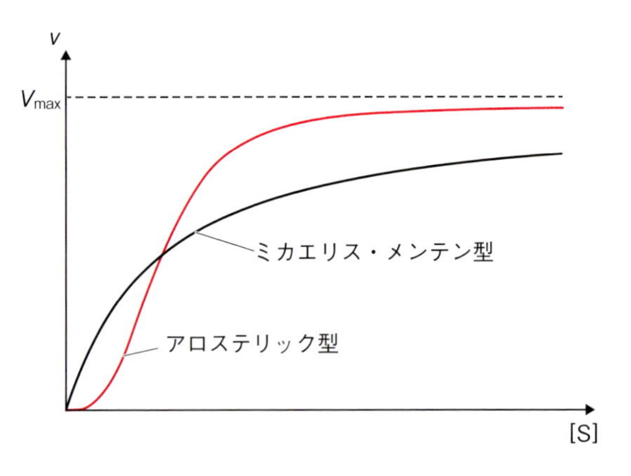

図 6･16　シグモイド型の反応曲線

このようなタイプの調節を受ける酵素の活性は，ミカエリス・メンテン型の酵素とは異なり，基質濃度に対して **S 字形（シグモイド）の曲線**になる（図 6･16）。S 字形になるということは，曲線の変曲点に相当する基質濃度付近で酵素活性の変化率が大きくなることを意味しており，基質の生理的濃度がこの付近に設定されていると，その基質の濃度に対する調節効果が大きくなる。解糖系のような複数の反応からなる代謝経路が，その経路の関連物質でアロステリックに調節されると，その最終産物を一定濃度で供給できる。たとえば，解糖系のホスホフルクトキナーゼの活性は，同じく解糖系の関連物質である ATP やクエン酸などによって阻害され，また AMP や ADP によって促進される。この阻害や促進は可逆的なもので，解糖系が供給する ATP やクエン酸の濃度を一定にすることができる。

ヘモグロビンのようなアロステリック調節を受ける酵素への基質の結合に関する協同作用を説明するものとして，「**ヒルの式**」という経験式が知られている。ヒルの式では，n 個の基質を結合する酵素反応について，反応速度 v と基質濃度 [S] との関係は次のように表される。

$$v=\frac{V_{\max}[\mathrm{S}]^n}{K+[\mathrm{S}]^n}$$（Kは酵素‐基質複合体の見かけの解離定数）

この式を検証するために，単純に 2 個の基質が結合する酵素反応を仮定してみる。

$$\mathrm{E} + \mathrm{S} \underset{k_{-1}}{\overset{k_1}{\rightleftarrows}} \mathrm{ES} \xrightarrow{k_2} \mathrm{E} + \mathrm{P}$$

$$\mathrm{ES} + \mathrm{S} \underset{k_{-3}}{\overset{k_3}{\rightleftarrows}} \mathrm{ESS} \xrightarrow{k_4} \mathrm{ES} + \mathrm{P}$$

$$(k_1, k_{-1} >> k_2 \ , \ k_3, k_{-3} >> k_4)$$

ここで，ES 複合体，および ESS 複合体については，定常状態近似が適用できることから，

$$\frac{\mathrm{d[ES]}}{\mathrm{d}t}=0$$
$$=k_1[\mathrm{E}][\mathrm{S}]-k_{-1}[\mathrm{ES}]-k_2[\mathrm{ES}]-k_3[\mathrm{ES}][\mathrm{S}]+k_{-3}[\mathrm{ESS}]+k_4[\mathrm{ESS}]\cdots ①$$

$$\frac{\mathrm{d[ESS]}}{\mathrm{d}t}=0$$
$$=k_3[\mathrm{ES}][\mathrm{S}]-k_{-3}[\mathrm{ESS}]-k_4[\mathrm{ESS}]\cdots ②$$

と表され，ここでも酵素の初濃度は反応中においても保たれることから，

$$[\mathrm{E}]_0 = [\mathrm{E}] + [\mathrm{ES}] + [\mathrm{ESS}] \quad \cdots ③$$

ここで定数をまとめて，

$$K_1=\frac{k_{-1}+k_2}{k_1},\quad K_2=\frac{k_{-3}+k_4}{k_3}$$

とおいて，①～③式から [E] を消去すると，

$$[\mathrm{ES}]=\frac{K_2[\mathrm{E}]_0[\mathrm{S}]}{K_1K_2+K_2[\mathrm{S}]+[\mathrm{S}]^2}$$

$$[\mathrm{ESS}]=\frac{[\mathrm{E}]_0[\mathrm{S}]^2}{K_1K_2+K_2[\mathrm{S}]+[\mathrm{S}]^2}$$

この反応では，速度定数 k_2 および k_4 で表される反応が律速段階なので，全体の速度式は，

$$v=k_2[\mathrm{ES}]+k_4[\mathrm{ESS}]=\frac{(k_2K_2+k_4[\mathrm{S}])\,[\mathrm{E}]_0[\mathrm{S}]}{K_1K_2+K_2[\mathrm{S}]+[\mathrm{S}]^2}$$

と表すことができる。

この式にアロステリック調節の条件をあてはめてみる。ここでは，一つ目の基質が結合すると，二つ目の基質の結合が促進されるとすると，

$$k_1 << k_3$$

という条件を満たす必要があり，この条件を，$K_1 = \dfrac{k_{-1} + k_2}{k_1}$，$K_2 = \dfrac{k_{-3} + k_4}{k_3}$ にあてはめると，

$$K_2 \to 0$$

という近似を適用することができ，この酵素が基質で飽和すると，すべて[ESS]となることから，$V_{max} = k_4[E]_0$ と表すことができ，全体の速度式は次のように近似できる。

$$v \approx \frac{k_4[E]_0[S]^2}{K_1K_2 + [S]^2} = \frac{V_{max}[S]^2}{K_1K_2 + [S]^2}$$

$K_1K_2 = K$ とすると，これは2個の基質が結合する場合のヒルの式と同じものになる。

さらに，n 個の基質が結合する場合，K_1 から K_n までの解離定数を考え，同様に $K_n \to 0$ から，

$$v = \frac{V_{max}[S]^n}{K_1K_2 \cdots K_n + [S]^n}$$

（$K_1K_2 \cdots K_n$ は酵素-基質複合体の見かけの解離定数）

と表すことができ，一般化することができる。結合する基質が一つの場合，つまり $n = 1$ の場合はミカエリス・メンテンの式と同じものになる。

この章のまとめ

- 酵素は生体触媒であり，タンパク質でできている。生体内で起こるほぼすべての化学反応は酵素が触媒する。酵素の反応はおおまかに6種類に分けられる。
- 生物はさまざまな特性の酵素をもつ。酵素は特定の基質と結合し（基質特異性），その基質を生成物に変化させるような特定の化学反応を触媒する（反応特異性）。
- 酵素反応の速度は，基質濃度を高めていくとやがて飽和するという特徴をもつ。酵素反応速度はミカエリス・メンテンの式などで記述でき，ミカエリス定数は酵素と基質との親和性の尺度となる。
- 酵素活性を調節するしくみとして，アロステリック調節がある。

7章 生体高分子の調製と分析方法

2章では，生物を成り立たせているアミノ酸，脂質，糖，ヌクレオチドなど個々の生体分子について学び，それらの分子が重合，あるいは集合することにより生体高分子をつくることを学んだ。そういった生体高分子が協働して機能することにより，3･1節では遺伝情報をもったDNAが複製されるメカニズムを，そして3･2節ではその遺伝情報をもとにタンパク質へと翻訳されるしくみを学んだ。また，5･1節ではさまざまな生体高分子が連携してエネルギーを産生しているしくみについて学んだ。こうした知見は，それぞれの反応に関わる生体高分子を細胞から単離，同定し，それらを用いて試験管の中で反応を再現し，個々の因子，あるいは因子間の関わりを分析，解析することにより得られたものである。

本章では，生化学研究の基礎となる生体高分子の単離，同定，分析方法のいくつかについて紹介する。これまでに明らかにされた知見の背景にある手法を学ぶことによって，それぞれの手法の長所や短所を具体的に理解し，次の世代の生命科学を創造する総合的な力を身につけてほしい。

7･1 PCR法

3･1･1項ではDNAポリメラーゼによる二本鎖DNAの半保存的複製機構について述べた。この反応に必要な因子を用意し，それらを用いて試験管内でDNA複製反応を再現する**PCR**（polymerase chain reaction：**ポリメラーゼ連鎖反応**）**法**は，DNA配列の特定の領域を増幅することができる（**図7･1**）。

増幅したい領域の両鎖（親鎖と娘鎖）のそれぞれ3′側に対して相補的な20塩基程度のプライマーDNAをそれぞれ化学合成し，これに鋳型（テンプレートともいう）となるDNAと，DNAを合成する材料となるデオキシリボヌクレオチド（dNTP），そして好熱性細菌から単離した耐熱性のDNAポリメラーゼなどを混合する。この反応液の温度を，次のような順番で変化させる。

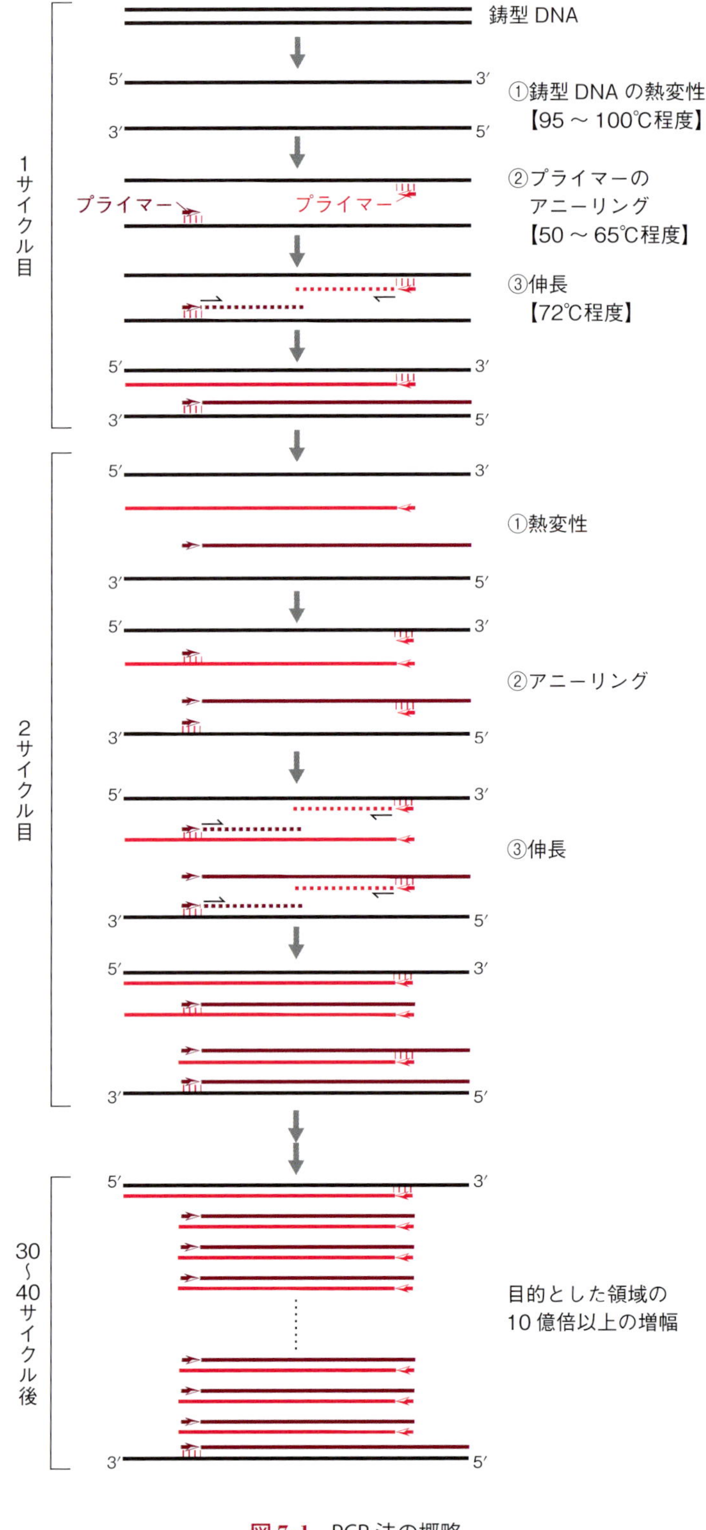

図 7･1　PCR 法の概略

① はじめに，反応液を 95 ～ 100℃程度に加熱すると，二本鎖の DNA が変性して一本鎖になる（**熱変性**）。

② 次に反応液を 50 ～ 65℃程度に冷却すると，プライマー DNA が自身と互いに相補的な配列をもつ鋳型 DNA 鎖と二本鎖を形成する（**アニーリング**）。

③ この反応液を耐熱性 DNA ポリメラーゼの至適温度である 72℃程度にすると，プライマー DNA を起点として 5′ → 3′ 方向に dNTP の付加反応が起こり，鋳型 DNA 鎖に対する相補鎖が複製される（**伸長**）。

③の反応後にはターゲットとなる領域の二本鎖 DNA が元の 2 倍になっており，ふたたび①の反応に戻って，熱変性→アニーリング→伸長の反応をくり返すことによって，二本鎖 DNA を指数関数的に増幅させることができる。通常はこの①～③の反応を 30 ～ 40 回程度くり返すことで，鋳型 DNA のターゲット領域を 10 億倍以上に増幅させることができる。

この方法が開発された当初は，大腸菌由来の DNA ポリメラーゼが用いられており，熱変性のステップでこれが失活してしまうため，サイクルごとに DNA ポリメラーゼを手作業で加える必要があった。これを解消するために，好熱菌由来のDNAポリメラーゼを用いる方法が開発されたことから，反応を自動化することが可能となり，汎用される手法となった。

PCR法は，単に特定のDNA配列を大量に得るためだけではなく，たとえば特定のDNA配列が試料中に含まれるかどうかについて明らかにしたい場合，その配列の両端に対するプライマーDNAを用いて目的の長さのDNAがPCR増幅されるかどうかを調べればよい。また，PCR反応に必要な鋳型DNAは，プライマーDNAに対して極微量でよいため，たとえば絶滅してしまった動物の骨から採取された骨髄細胞のDNAを増幅させ，その配列情報を明らかにすることも可能である。あるいは極微量の試料から個人を特定することもできるため，犯罪捜査や裁判の証拠として用いられることもある。

コラム7･1　エピジェネティクス

一卵性の双子は，まったく同じ遺伝子配列をもつ。それなのに，似ていない一卵性の双子もいる。特に年齢を重ねるとともに，容姿だけでなく性格も違ってくることが多い。

これは，遺伝情報を含んだDNAや，そのDNAと関わるタンパク質が後天的に修飾されることにより，遺伝子の発現パターンが変わり，それに起因して細胞の性質が変化するためであることがわかりつつある。この修飾の状態は分裂した娘細胞にも引き継がれる。このように，遺伝子の塩基配列に変化はないのに，遺伝子や，遺伝子を取り巻く環境に後天的にもたらされた変化が，分裂した細胞にも継承されるしくみを総称してエピジェネティクスという。

いろいろなレベルのものが明らかになってきている。たとえば，DNAのメチル化，または脱メチル化により，遺伝子発現のオン／オフが切り替わる。あるいは，核の中で糸巻きのようにDNAを巻き取っているヒストンというタンパク質が，メチル化，アセチル化，リン酸化などの修飾を受けることによって，その巻き取り方が変化し，その領域の遺伝子発現に直接的，または間接的に影響する。つまり，生まれもった遺伝子の塩基配列によって，将来にわたるすべてが決まるわけではない，ということである。

ちなみに，三毛猫の模様は一卵性の双子であっても個々に異なる。これは毛並みのパターンがエピジェネティクスにより決まるからである。

7･2　タンパク質の精製・分離法

生化学研究においては，対象とするタンパク質を細胞から高純度に取り出してくる——すなわち精製する必要がある。これは，数千～数万種類のタンパク質を含む細胞から，特定のタンパク質のみを変性しないように活性を保った状態で精製してくるという作業である。

このために最初に行う作業は，目的のタンパク質を含む細胞を適切な方法で破砕することである。これは，用いる細胞の種類と目的タンパク質の局在（サイトゾル，各オルガネラ膜あるいはオルガネラ内，細胞壁など）に応じて，適切な方法を選ぶ必要がある。

動物組織の場合，ブレンダーやホモジナイザーといった器具が用いられる。また，強固な細胞壁をもつバクテリアや酵母，植物組織の場合は，細胞壁を溶かす酵素などと併用して，浸透圧ショック法（細胞を低張液にさらす）により細胞を破裂させたり，あるいは超音波破砕機やフレンチプレスなどの装置を用いて破砕させたりする。いずれの作業も4℃程度の低温下で行う必要がある。このようにして調製してきた細胞溶解液（ライセート）を，超遠心分離により可溶性画分（超遠心分離した上清画分）と膜画分（超遠心分離した沈殿画分）に分画し，目的のタンパク質を含む画分から精製を行う。膜画分から膜タンパク質の精製を行う場合，界面活性剤（**4·5節** 参照）による可溶化が必要である。このような細胞抽出液からタンパク質を精製する一般的な手法の一つとして，カラムクロマトグラフィーによる方法が挙げられる。

7·2·1　カラムクロマトグラフィー

筒状の容器（カラム）に固体の充填剤をつめ，そこに目的のタンパク質を含んだ試料溶液を上から流し，充填剤との親和性や，タンパク質の形状の

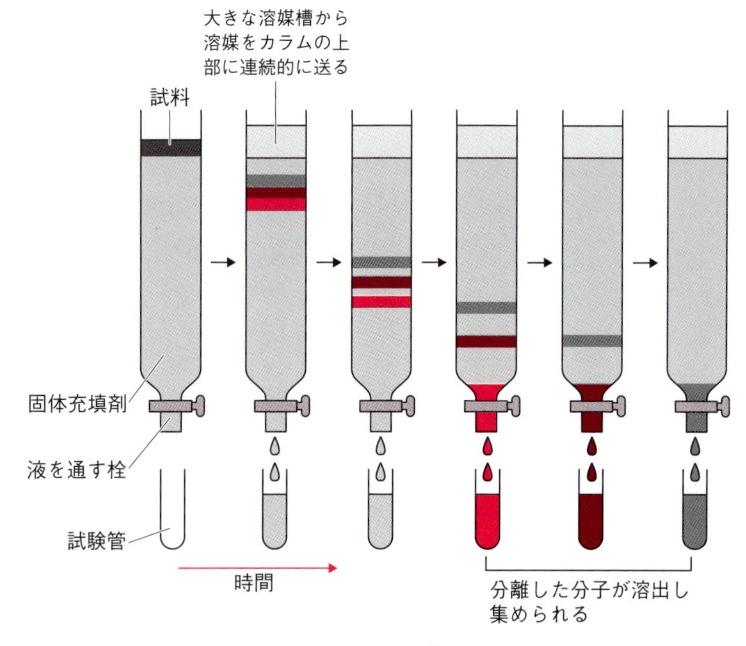

図7·2　カラムクロマトグラフィー

違いを利用して分離を行う精製法がカラムクロマトグラフィーである（**図 7・2**）。性質の異なる複数種類の充填剤を順次用いることにより，目的のタンパク質の精製標品を得る。タンパク質の精製においては，次のような充填剤によるカラムクロマトグラフィーが行われる。

7・2・1 (1)　イオン交換クロマトグラフィー

2・1・1 項で述べたように，タンパク質を構成するアミノ酸のうち，側鎖に解離基をもつアミノ酸（アスパラギン酸，グルタミン酸，ヒスチジン，チロシン，システイン，リシン，アルギニン）の荷電状態により，ある pH におけるそのタンパク質全体の荷電状態が決まってくる。たとえば，負に荷電したアミノ酸が正に荷電したアミノ酸を上回れば，タンパク質全体としては負に荷電していることになり，このようなタンパク質は酸性タンパク質という。あるいは，正に荷電したアミノ酸が上回り，全体として正に荷電しているタンパク質は塩基性タンパク質である。このタンパク質の荷電状態の違いを利用して分離を行う方法がイオン交換クロマトグラフィーである（**図 7・3**）。

担体（多くの場合，合成高分子）に正に荷電した官能基を結合させたもの（陰イオン交換体）は，酸性タンパク質と強く結合し，負に荷電した官能基を結合させたもの（陽イオン交換体）は塩基性タンパク質と強く結合する。これらの結合はイオン結合によるものである。

タンパク質を含む試料を，適切なイオン交換体を充填したカラムに結合させた後，溶媒の塩濃度（塩化ナトリウムや塩化カリウムがよく用いられる）を高くしていくと，塩と競合してタンパク質 - イオン交換体間のイオン結合が弱くなっていくため，結合の弱いタンパク質から順に溶出される。

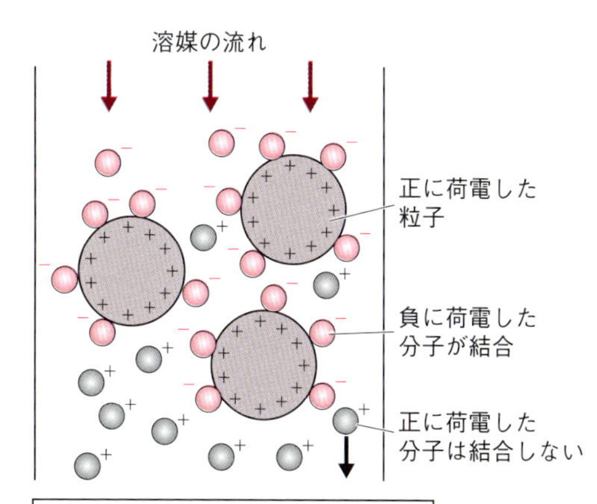

図 7・3　イオン交換クロマトグラフィー

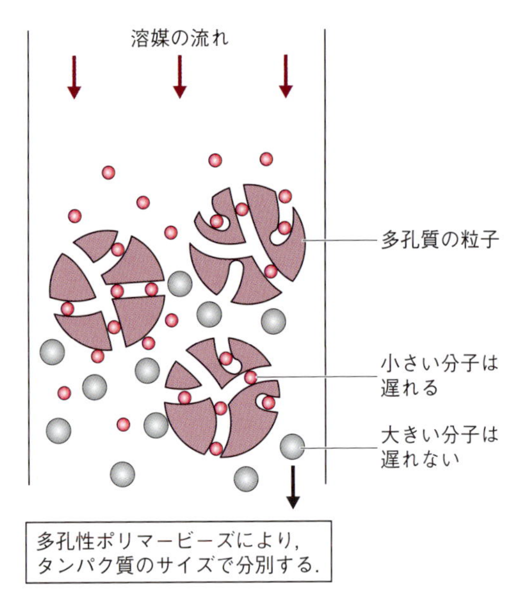

図7·4　ゲルろ過クロマトグラフィー

7·2·1 (2)　ゲルろ過クロマトグラフィー

タンパク質分子の大きさや形状によって分離を行うのがゲルろ過クロマトグラフィーである（**図7·4**）。**分子ふるい法**とよばれる場合もある。多孔性の担体をカラムに充填し，上部から試料を加えて流すと，小さなタンパク質は担体の孔に入り込みながら流れ，これに対して大きなタンパク質ほど担体の孔に入らず，担体と担体の隙間を通って流れる。そのため，小さなタンパク質ほどカラムを通過するのに時間がかかり，結果的に分子量（あるいは形状）の違いによってタンパク質を分離することができる。

7·2·1 (3)　アフィニティクロマトグラフィー

タンパク質には，特定の物質（リガンド）に対して強い結合親和性を示すものがあり，この結合親和性により目的とするタンパク質を分離する方法がアフィニティクロマトグラフィーである（**図7·5**）。担体に適切な方法でリガンドを固定してカラムに充填し，そこにそのリガンドと特異的に結合するペプチド，あるいはタンパク質（これらを**アフィニティタグ**という）を融合させた目的のタンパク質を含む試料を加えて流すと，そのリガンドに結合する融合タンパク質のみがカラムに保持される。これを充分に洗浄して非特異的に吸着したものを取り除いたのち，リガンド（あるいはその類似物質）を含む溶液を流せば，担体に固定されたリガンドに対して競合的にはたらき，目的のアフィニティタグを融合したタンパク質のみを溶出することができる。

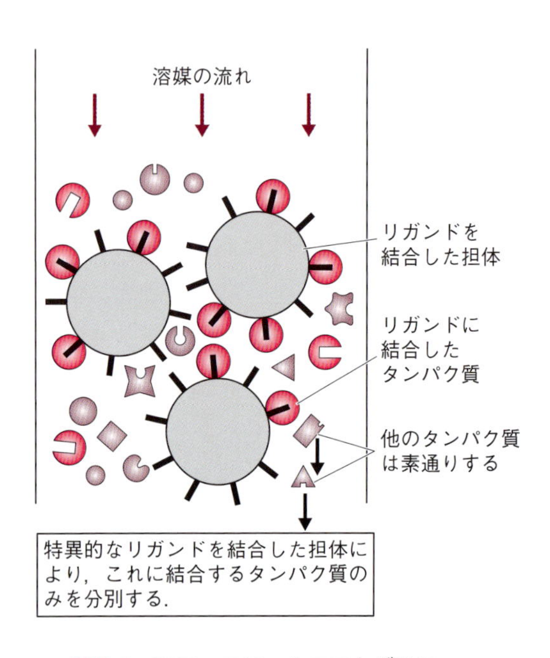

図7·5　アフィニティクロマトグラフィー

汎用されているものとし

て，グルタチオンと結合する**グルタチオン-*S*-トランスフェラーゼ**（**GST**）や，マルトースと結合する**マルトース結合タンパク質**（**MBP**）などがあり，これらを目的とするタンパク質のN末端あるいはC末端に融合させ，それぞれのリガンドを固定した担体を用いて精製される。また，**His タグ**（6～10個の連続したヒスチジン配列のことで，Ni^{2+}との親和性が高い）を目的タンパク質の適当な位置に付加し，Ni^{2+}イオンを固定（キレート）した担体を用いて精製を行う方法もよく用いられる。あるいは，**エピトープタグ**（HAタグ，myc タグ，FLAG タグなど）とよばれる特徴的なペプチド配列（いずれも10残基程度）を融合させ，そのエピトープタグに特異的に結合する抗体を担体に固定したものを用いてアフィニティクロマトグラフィーを行う場合もある。

融合させたタンパク質（あるいはペプチド配列）と目的のタンパク質との間に，部位特異的プロテアーゼが認識するアミノ酸配列（数残基～数十残基）を挿入し，プロテアーゼ処理により融合したアフィニティタグを選択的に除去することも可能である。

このほか，疎水クロマトグラフィー，ハイドロキシアパタイトクロマトグラフィーなどがあり，これらの分離方式の異なるクロマトグラフィーをさまざまに組み合わせて精製を行う。タンパク質の性質は個々に多様なため，精製手順に決まったものはなく，発現宿主の種類，アフィニティタグの種類，カラムクロマトグラフィーの種類と順序などを試行錯誤しながら精製プロトコルを最適化する。

コラム7･2　低温失活

タンパク質の精製を目的として細胞を破砕するときに，ほとんどの場合は試料を4℃程度に保った状態で操作を行う。これは，破砕の際に発生する熱でタンパク質が変性してしまうのを防いだり，分解系のオルガネラから漏れ出てきたプロテアーゼによる影響をできるだけ少なくするためである。ところが，低温下で不可逆的に活性を失ってしまうタンパク質も存在する。これを低温失活という。

タンパク質の精製は低温下で行うというのが鉄則なため，これが失活の原因であることにはなかなか気づきにくい。精製してきたタンパク質に目的の活性がない場合は，プロテアーゼによる非特異的な分解など，まずほかの原因を考えてしまう。低温失活が疑われる場合でも，生化学の実験者にとって試料を冷やさずに精製するという行為には勇気がいる。タンパク質の精製がうまくいかないときは，少し頭を冷やしてみたほうがよい。

7･2･2　SDS-ポリアクリルアミドゲル電気泳動

ポリアクリルアミドゲル電気泳動法とは，アクリルアミドを架橋して網目構造のポリアクリルアミドゲルの担体とし，ここに電場をかけて試料である高分子（タンパク質や核酸など）が通過するときの分子ふるい効果により分離を行う方法である。タンパク質の分離では，ここに界面活性剤（**4･5節** 参照）の SDS（ドデシル硫酸ナトリウム）を加えて行う SDS-ポリアクリルアミドゲル電気泳動（PAGE）が標準的に用いられる（**図 7･6**）。

タンパク質溶液に界面活性剤である SDS を添加すると，分子全体に SDS が結合してタンパク質が変性する。このとき同時に熱や還元剤で処理することにより，その立体構造を充分にほぐしてポリペプチド鎖の状態にすると，その長さに比例した量の SDS が結合する。**2･1･2 項**で述べたように，タンパク質の荷電状態はそれぞれに異なっているのだが，SDS は負に荷電しているため，結合した SDS の量に比例した，つまりポリペプチド鎖の長さに比例した負電荷をもつようになる。ここに電場をかけると，タンパク質はゲ

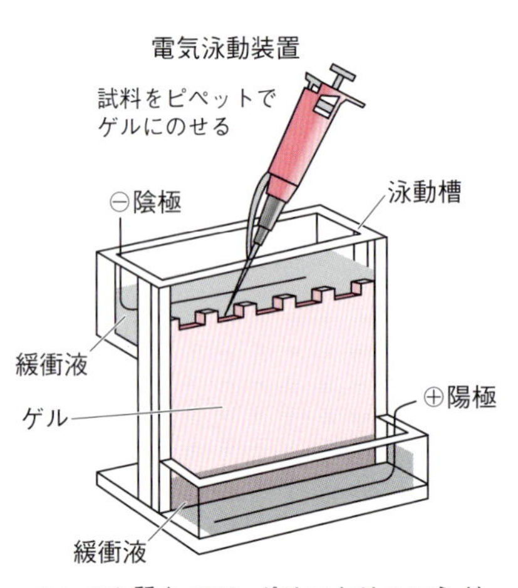

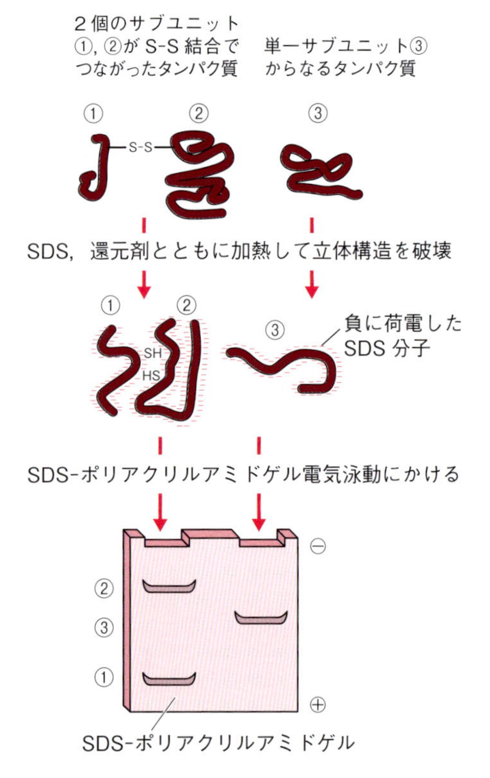

図 7･6　SDS-ポリアクリルアミドゲル電気泳動

ルの網目による抵抗を受けながら陽極側に移動する。その移動度はポリペプチド鎖の長さ（分子量）に依存し，分子量の小さなものほど移動度が大きい（同じ分子ふるいであるゲルろ過とは逆であることに注意）。

電気泳動後のゲルは，クマシーブリリアントブルー（CBB）などのタンパク質に吸着する色素で染色することにより，タンパク質をバンドとして検出することができる。

SDS-PAGE におけるタンパク質の移動度は，泳動するときの電流や電圧の値，ゲル濃度やバッファー（緩衝液）の成分などにより異なる。そのため，分子量が既知の複数のタンパク質（分子量マーカーという）を同じゲル内で泳動し，それらの移動度と比較することにより目的のタンパク質の分子量を見積もる。

SDS-PAGE によって分離されたタンパク質をゲルから切り出して抽出してくることはできるものの，SDS によって変性しているため（染色した場合は色素も吸着しているため），活性は失われている。そのため SDS-PAGE によるタンパク質の分離は，主として分析を目的に行われるもので，カラムクロマトグラフィーなどにより精製したタンパク質の精製度の確認や，試料中に含まれる特定のタンパク質の量，あるいは，（翻訳後修飾などによる）タンパク質の分子量変化の検出などに用いられる。

核酸の分離も電気泳動で行うことができる。核酸は一様に負に荷電しているため SDS を加える必要はなく，電場をかけるとタンパク質と同様に陽極側に移動する。その場合は担体として SDS を含まない PAGE やアガロース（多糖の一種）が用いられる。検出には，核酸に特異的に吸着する**エチジウムブロマイド**などが用いられる。核酸の場合は，ゲルから切り出して抽出したものを精製標品として用いることができる。

7·2·3 ウエスタンブロット法（イムノブロット法）

前項の SDS- ポリアクリルアミドゲル電気泳動では，試料中のタンパク質が分子量に応じて分離される。その中から目的のタンパク質のみを特異性の高い**抗原抗体反応**により検出するのが**ウエスタンブロット法**（**イムノブロット法**）である（**図 7·7**）。

ウエスタンブロット法では，SDS- ポリアクリルアミドゲル電気泳動を終えたゲルを，ふたたび電気泳動的にタンパク質が結合しやすいニトロセルロース膜や PVDF（polyvinylidene difluoride）膜に写し取る（転写という）。タンパク質をゲルから膜に移すのは，ゲルのままでは分離したタンパク質が

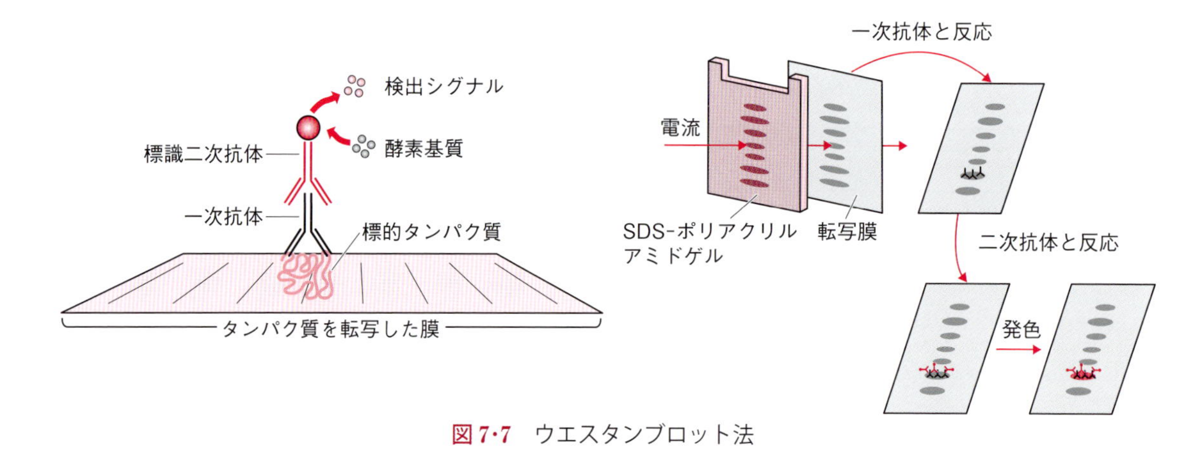

図7·7　ウエスタンブロット法

検出反応中にゲル内で拡散してしまうためであり，膜に移すことでタンパク質が膜上に固定され，そのタンパク質が抗体と反応しやすくなる。

次に，検出したい標的タンパク質に対する抗体を用意し，タンパク質を転写した膜と反応させて検出を行う。この抗原抗体反応では，標的のタンパク質に直接結合させるのが一次抗体，この一次抗体を認識して結合する抗体を検出用に標識したものが標識二次抗体である。一次抗体を直接標識して検出することも可能であるが，使用する抗体ごとに標識操作を行うのは煩雑であり，また，標識により抗体の活性が低下することがあるため敬遠される場合が多い。さらに，1分子の一次抗体に対して複数の二次抗体が結合できるものを用いれば，検出シグナルを増幅させることができる。

標識には酵素を用いる場合，蛍光を用いる場合などがある。酵素を用いる系では，HRP（horse radish peroxidase）や AP（alkaline phosphatase）な

コラム7·3　抗原抗体反応

抗体とは脊椎動物の免疫細胞がつくりだすタンパク質のことで，特定の分子を認識して結合する。この抗体が認識する特定の分子のことを抗原といい，たとえば，体内に侵入してきたウイルスや微生物，あるいは毒素などの異物が抗原として認識される。抗体が結合した抗原は，白血球などの食細胞とよばれる細胞が取り込んで消化し，これが脊椎動物における感染防御の役割を担っている。

脊椎動物に人為的に抗原となるものを接種し，任意の分子に対する抗体をつくらせることができる。いわゆる感染症に対する予防接種もこれにあたる。そして，つくられた抗体は血液中から精製してくることができる。

ちなみに，抗体による感染防御のシステムは無脊椎動物にはない。なくても骨身にこたえないのかもしれない。

どが用いられ，酵素活性による発色や化学発光により検出を行う。化学発光による検出では，発光を検出するためのスキャナーが用いられ，発色法にくらべて感度が高いため，微量のタンパク質でも検出が可能である。

ウエスタンブロット法では，単に標的タンパク質を検出するだけでなく，そのタンパク質の状態も検出することができる。たとえば，リン酸化されたアミノ酸を特異的に検出する抗体を用いれば，標的タンパク質のリン酸化の有無を調べることができる。あるいは，糖鎖を特異的に検出する抗体を用いれば，標的タンパク質の糖鎖修飾の状態を検出することができる。

コラム7･4　東西南北

ウエスタンブロット法というネーミングの由来を紹介するには，まず元祖ともいうべき「サザンブロット法」について述べる必要があるだろう。サザンブロット法とは，サザンさん（E. M. Southern）が開発した，DNA の混合物から特定の塩基配列の DNA を検出する実験手法である。この方法は，電気泳動により分離した DNA を変性させて 1 本鎖にしたものをニトロセルロースなどの膜に転写し，そこに目的の塩基配列に相補的な配列をもつ短い DNA 断片（プローブという）を加えて，膜上の DNA と塩基対を形成させて（ハイブリダイゼーションという）検出するものである。使用するプローブは放射性同位元素や酵素で標識されている。

ほぼ同様の原理で RNA を検出する方法が「ノーザンブロット法」である。こちらはノーザンさんが開発したわけではなく，サザンブロット法をヒントに考案されたことから，元のサザン（南）という方角にちなんで，なかば自然発生的にノーザン（北）とよばれるようになり，それが定着した。言葉あそび，というか要は洒落(しゃれ)である。

タンパク質を検出するためのウエスタンブロット法も，試料を膜にブロットするという点でサザンブロット法やノーザンブロット法を参考にしたものであるため，開発者は，自分のブロット法にも方角にちなんだ名称をつけることにした。すでにサザンとノーザンが使われていることから，残りはウエスタン（西）かイースタン（東）ということになるが，開発者の研究室が北米大陸の西の端に位置するシアトルにあったことから，「西」が選ばれてウエスタンブロット法となった。

そして，残りのイースタンブロット法であるが，いくつかの手法がこの名称を主張しているものの定着しているものはなく，現在も空席のままである。

7･3　質量分析によるタンパク質の解析

高電圧をかけた真空中で分子をイオン化して質量を測定する方法を**質量分析法**（mass spectrometry：MS）といい，その測定精度は驚くほど高い（誤差は 0.0001 ～ 0.01）。これを用いてタンパク質の同定を行うことができる。

かつては，タンパク質の同定を行うのに，まず標的となるタンパク質をカラムクロマトグラフィーや電気泳動により精製し，そのタンパク質をN末端側からアミノ酸1残基ごとに化学的に切断し，遊離したアミノ酸を同定して配列を決定するプロテインシークエンサーが用いられていた。

これに対して，さまざまな生物種のゲノム情報が明らかになったこと，そしてタンパク質のような生体高分子でも，これを破壊することなくイオン化するソフトイオン化法が開発され，質量分析計でのタンパク質の測定が可能となったことから，両者を組み合わせてタンパク質の同定を行うのが主流となった。

PMF（peptide mass fingerprinting）**法**という質量分析によるタンパク質の同定法では，標的タンパク質をトリプシンなどのタンパク質消化酵素によりペプチド断片群にして，それらの質量を質量分析計により正確に計測する。タンパク質消化酵素は，その種類によって切断する位置が決まっているため（たとえばトリプシンはリシン，アルギニンのカルボキシ基側のペプチド結合を切断する），ゲノム情報からその生物がもつすべてのタンパク質について，切断されうる箇所と，それにより生じるすべてのペプチド断片の質量を理論的に割り出しデータベース化することができる。質量分析計によって得られたペプチド断片群の質量データ（マススペクトルという）をデータベースと比較することにより，試料中に含まれるタンパク質を同定することができる（**図7·8**）。ただしこの場合，標的タンパク質がデータベースに存在し

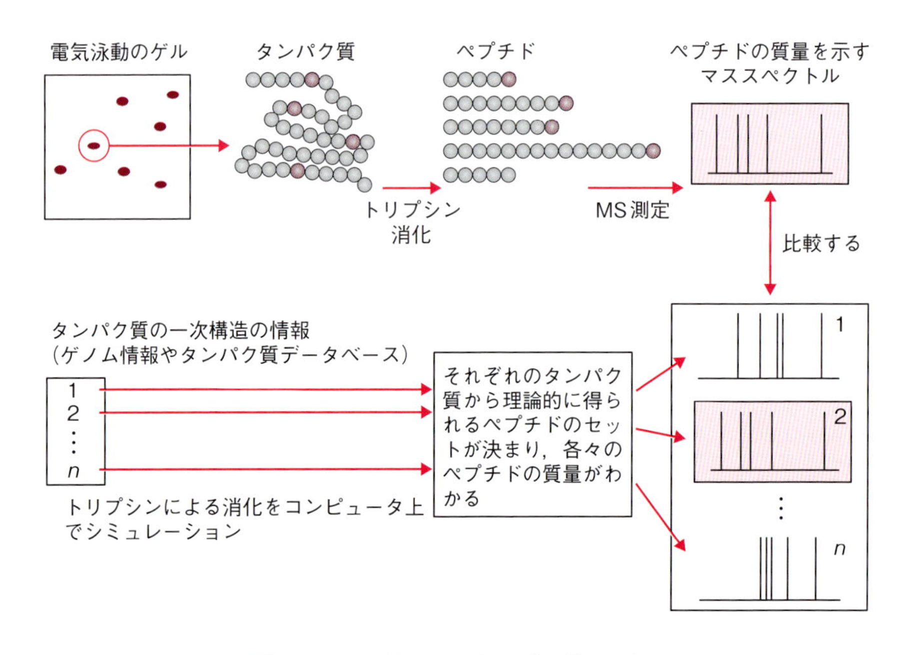

図7·8　PMF法によるタンパク質の同定

ている必要があり，ゲノム情報のない生物種，あるいはタンパク質データベースに登録のないタンパク質を同定することはできない。質量分析計では分子量のわずかな違いが検出できるため，アミノ酸修飾による質量変化も検出することができ，タンパク質の翻訳後修飾の解析にも用いられる。

コラム 7·5　生命科学的シンギュラリティ

AI（人工知能）の進歩が加速している。生命科学の分野においても，膨大な文献情報を AI に学習させることで，たとえば熟練の研究者でも見出せないような疾患の原因となる変異を探し当てることができるようになってきている。

シンギュラリティ（技術的特異点）とは，AI の高度化が進み，人類と AI の能力・知性が逆転してしまう転換点，という意味で使われる場合が多いが，これが訪れるのは一説には 2045 年とされている。これまでの生命科学の研究では，仮説を実験によって逐一検証する必要があったのが，これもそのうち AI による計算に置き換わってしまうのだろうか？　少なくとも，研究者の仕事のかなりの部分が AI 任せになるのは，もう時間の問題だろう。

コンピュータは，人間の能力を補うために作られたものなのに，補う能力よりも余剰になってしまうと，どうなるのだろうか？　もしかしたら AI が臨界を超えて人間のコントロールを離れてしまうのではないか，という不安を感じるかもしれない。かつて，遺伝子組換え技術が出て来たころ，もしかしたら組換え体が手に負えないようなモンスターと化してしまうのではないか，という不安があったのと似ている。しかし，現実には，その不安は的中しなかった。はたして，AI に対する不安はどちらに転ぶだろうか？　発想，着眼，創造といったものは，人間の頭脳にしかできないことである，というのは果たして本当だろうか？

この章のまとめ

- PCR 法は微量の DNA を鋳型として，プライマーとよばれる短い DNA 配列で挟まれた配列領域を人工的に増幅させる方法で，特定の配列の存在の有無の判定にも用いられる。
- 注目するタンパク質の性質（荷電状態や分子量など）を利用して，種々のカラムクロマトグラフィーを組み合わせることにより，高純度の精製標品を得ることができる。
- 特定のタンパク質を抗原として認識する抗体を用いて，タンパク質の検出を行うのがウエスタンブロット法である。
- 質量分析の技術によって，タンパク質のアミノ酸配列，その分子修飾を解析することができる。

参考文献

1）赤坂甲治（2017）『新しい教養のための生物学』裳華房

2）有坂文雄（2015）『よくわかる スタンダード生化学』裳華房

3）入村達郎ら訳（2018）『ストライヤー 生化学 第8版』東京化学同人

4）北原 武・石神　健・矢島　新（2018）『生物有機化学』裳華房

5）丸山 敬・松岡耕二（2013）『医薬系のための生物学』裳華房

6）Newton 別冊（1998）『地球大解剖』ニュートンプレス

7）坂本順司（2012）『イラスト　基礎からわかる生化学』裳華房

8）坂本順司（2018）『基礎分子遺伝学・ゲノム科学』裳華房

9）桜井 弘（2000）化学と教育，48, 459-463.

10）佐藤 健（2018）『進化には生体膜が必要だった』裳華房

11）田宮信雄ら訳（2012, 2013）『ヴォート 生化学 第4版（上，下）』東京化学同人

12）田宮信雄ら訳（2017）『ヴォート 基礎生化学 第5版』東京化学同人

13）terrestrial abundance of elements
（http://www.daviddarling.info/encyclopedia/E/elterr.html）

14）東京大学生命科学教科書編集委員会編（2017）『演習で学ぶ生命科学　第2版』羊土社

15）東京大学生命科学教科書編集委員会編（2018）『理系総合のための生命科学　第4版』羊土社

16）八杉貞雄（2013）『ヒトを理解するための生物学』裳華房

索　引

す

せ

そ

た

ち

て

と

に

ぬ・の

は

ひ

ふ

へ

ほ

ま

み

め

ゆ・よ

ら

り・れ

著者略歴

佐藤　健（さとう けん）

1993 年　東京工業大学 工学部 生物工学科 卒業
1997 年　東京工業大学 大学院生命理工学研究科 博士課程修了　博士（理学）
1997 年　米国ダートマス医科大学 研究員
1998 年　名古屋大学 大学院理学研究科 助手
2000 年　理化学研究所 研究員
2007 年　東京大学 大学院総合文化研究科・教養学部 准教授
2017 年　東京大学 大学院総合文化研究科・教養学部 教授

主な著書

The Golgi Apparatus（分担執筆，Springer，2008 年）
酵母のすべて－系統，細胞から分子まで－（分担執筆，丸善出版，2012 年）
理系総合のための生命科学－分子・細胞・個体から知る“生命”のしくみ－
　第 3 版，第 4 版（分担執筆，羊土社，2013 年，2018 年）
進化には生体膜が必要だった－膜がもたらした生物進化の奇跡－（単著，裳華房，2018 年）

入門 生化学

2019 年　3 月 15 日　第 1 版 1 刷発行

検印
省略

定価はカバーに表示してあります．

著作者　佐藤　健
発行者　吉野和浩
発行所　東京都千代田区四番町 8-1
電　話　03-3262-9166（代）
郵便番号 102-0081
株式会社　裳　華　房
印刷所　三報社印刷株式会社
製本所　株式会社　松　岳　社

一般社団法人
自然科学書協会会員

ISBN 978-4-7853-5238-7